How to
make change 如何讓改變發生？系列叢書 [2]
happen?

BUILDING UP
YOUR **SIGNATURE**
LEADERSHIP STYLE

建立自己的
獨特領導風範

———————— 團隊改變的基礎，永遠靠領導力支持

陳朝益
David Dan ■著

「如何讓改變發生？」系列叢書 讚譽＆薦讀

——曾憲章：科技遊俠（本書作者 David 的導師）：

好友陳朝益兄出版《如何讓改變發生》這套書，與讀者分享領導力的四個關鍵主題，幫助領導者在變化多端的大衝擊時代，成就更有信任的組織與未來，值得年輕人細細閱讀。

朝益兄是台灣 Intel 創始總經理，業績傑出，戰果輝煌，甚至超越了 Intel 日本業績。在職場最高峰期，考慮到「家庭優先」，毅然決然放下職場的榮耀和對名利的追逐，開啟「人生下半場」。已陸續出版了五本書籍，並自我學習精進，提升到「高階主管教練」，協助領導者「創造改變的價值」。

朝益兄由一個科技老兵轉軌為「領導力教練」，成功轉換跑道，實現「對自己有意義，對他人有價值」的人生最高境界！值得欽佩與學習。

——駱松森（香港大學 SPACE 中國商業學院高級課程主任）：

在我們研究生的課程中，大部分的高管都是熱愛學習和追求前沿的知識，可是，在課堂討論中他們的表現不一定能夠把理論應用到工作中；陳老師用他親身經驗來告訴我們這個知易行難的問題是可以解決的，一一跟自己的內心對話，尋找感動生命的地方和努力追求激動人心的事情。當然，如果遇到不知道怎樣處理的情況，有教練的陪伴更能讓改變發生。

——陳郁敏 Ming（Happier Cafe 更快樂實驗所創辦人，漣漪人基金會共同創辦人：

「領導力從塑造自己開始」：

陳朝益教練在本書中分享他自己改變的心路歷程—從「陳總」到陳教練的自我揮灑旅程。在這個特別的旅程中，他塑造新的

自己,設計一個更精彩的人生下半場。

我不認識以前的陳總,但在現在的陳教練身上我看到:

· 他改變的決心

· 他對自己的期許

· 他有策略的計劃

· 他執行的紀律

· 他的堅持

為了做脫胎換骨的改變,他用兩年時間,離開熟悉的朋友們,專心投入於轉型路。過去以「快狠準」為傲的他,成功的蛻變成一位充滿好奇、開放、感恩和學習的人。他不怕展示自己的脆弱,更享受和別人「合作共創」新的可能。

改變自己是每一位領導者都需要的能力。

當我們每個人都擁有讓自己變得更好的能力,世界就會更美好。

——方素惠(台灣《EMBA》雜誌總編輯):

從永遠走在前頭的科技產業總經理,到不斷要人「慢下來」的高階主管教練,David 教練自己的轉型之路,就是今天領導人最好的典範。

他累積了多年跨國領導人的實戰經驗,卻在進入人生下半場時「自廢武功」,重新謙虛地學習一門新功課:教練。然後當他再度出現在企業領導人身旁時,沒有人比他更適合來告訴大家,如何轉型,如何傾聽,如何建立團隊的信任,如何讓改變發生。

在這套書中,他的真誠、開放、樂意助人,是教練的專業,更是David 的獨一無二標誌。

——陳正榮（牧師，生命教練）：

「信任」不是點頭認可，信任必須去贏得，不是認同就可以達到的，因此它必需經過時間的考驗。信任是當原則與價值深植人心時，才可能獲得的。價值不是教出來的，而是活出來的，這就是為什麼信任很難建立的原因？因為很多人知道，但是活不出來。

——吳咨杏（Jorie Wu, CPF〔國際引導者協會認證專業引導師及評審〕，朝邦文教基金會執行長）：

身為一位專業團隊引導師，我和 David 在很多的引導 / 教練學習場合相會。對於他廣於攝取知識的好奇，善於學以致用的能力，我總是很佩服；更是臣服於他有使命地分享與傳播他的「教練之旅」。他自身的教練奇蹟之旅，很自然地讓人信任地跟隨他探究竟。改變就是從信任開始的，不是嗎？

在《力與愛》（Power and Love：A Theory and Practice of Social Change）一書中，作者亞當・卡漢談到「力是自我實現的動力；愛是合一的動力」。一位教練型領導人想必會懂得平衡力與愛，以成就他人共同完成大我。一位教練就是運用透過信任連接別人，開啟改變的關鍵，不是嗎？

閱讀他的新書，彷彿向生成的未來學習，這也是面對複雜與不確定環境唯一的策略！不是嗎？

——劉匡華（5070 社會型企管顧問有限公司 總經理）：

陳朝益（David Dan）先生擔任 Intel 台灣 CEO 時，我們公司為 Intel 作獵才服務。百忙中的他只要是對的人才，任何時

間（含週末假日）他都願意面談。他任職 Intel 時，在成大校友會上有關生涯規劃的演講稿，十年後仍在網路上流傳。可見他在進入教練生涯前就是個有慧根的 CEO。

David 在這本書裡坦誠的分享了他如何從職場的 CEO 轉變成一位企業教練的心路。諸如：

「不是前面沒有路，是該轉彎了」

「信任是有效溝通的第一步。」

「改變有痛就對了」。

「（領導者）每次與人談完話想想，我說話的時間少於對話時間的 25% 嗎？」

這些句子都於我心有戚戚焉。

──潘婉茹（Effie，團隊關係與領導力教練，《夥伴教練心關係》譯者）：

領導人決定團隊改變速度：

這幾年來，「改變」議題經常在個人與組織發展議題中出現。

這套書提出「自我覺醒」往往是改變的重要開始。當人們自己意識到有改變的需要，才會付出真心承諾的行動。

主管們在組織裡的模範領導，也包含了行為改變的展現。相同的，他們也必須先意識到，自己的行為改變將會是團隊改變的重要關鍵。

當領導人願意打開自己，展示脆弱，邀請身邊的工作夥伴對於他的行為改變給予回饋──由此團隊的信任關係將逐步蔓延，而團

隊的改變也才會一步步發生。

——黃卉莉（慧力教練，生命·領導力·安可職涯教練）：

與陳教練首遇，是在我 45 歲正計畫回台，同時想要結束十年不再有熱情的財務顧問工作。但甚麼是我擅長、有熱情、覺得被重視、能幫助人、且持續有收入的天職呢？我盼望在人生下半場，冒險怎樣的英雄之旅，追求怎樣的生命經驗與意義呢？

依然記得當時教練陪伴我同在與同理的安全感，生命得以安歇在一盞燈一席話一段路上。就因著這樣的感動和管道，讓「改變發生」的自己現在也正走在教練修練、自我領導（self-leadership）與成人學習之路，專注在「幸福」（wellbeing）、「潛能」（human potential）與適應新時代所需的發展工具。期許這套書的讀者能成為挑戰現狀、發掘理想真我的變革者，透過生成的對話，共創一個豐盛人生／組織／社會。

——陳乃綺（上尚文化企業有限公司執行長）：

我學生時期在教練協會擔任志工，David 是那時候的協會理事長，在他身上我學習了很多領導者該有的風範，而在他帶領的協會中，我常擔任 Coachee（被教練者），因此我更是一個教練領導的受惠者。

同時，也是「教練」讓我生平第一次照鏡子，在某一位教練的資格考中，我成為一位女教練的 Coachee，這也是我第一次正式接受過教練，在這之前，我常自我感覺良好，我從不覺得我的有什麼問題。而幾次的教練會談下，我突然發現…我認定自己的形象和實際的我，好像不一樣…；老實說，第一次的自我覺察，當下的感覺不是太好。

因為，我像是活在一個原本沒有鏡子的世界裡，我總以為我有和

明星林志玲一樣的外貌，但是當教練幫我拿出了鏡子，我內觀自己，一時很難接受，原來我有這麼多缺失，可以更好。

當人要改變自己的造型，就要先看到鏡中的自己，接受自己的外型特色，然後找出最適合的髮型、服裝來搭配，你的改變就對了。

這五年來，在經過幾位教練的協助之下，現在的我，自我覺察的能力提高很多，我也很習慣勇敢的面對自我缺失、改變自己、修正自己，已經是我常常面對的課題。而這樣的自覺能力，讓我在公司的領導上更事半功倍

本人很榮幸受邀寫序。我的禿筆卻未能盡到此書之價值，讀後實在獲益不淺，鄭重推薦給大家喔！

——王昕（德國 Bosch 總公司 項目經理）：

「一盞燈，一席話，一段路」這是陳朝益老師在我腦中最先浮現出來的一幅圖像，在過去十年來，他是我的生涯教練；從大學時代決心到德國留學，畢業後經歷經濟危機中漫長的等待，到初入職場，進而轉變職能方向和所屬行業以及後來成家，為人父母，到現在面對的是下一個十字路口，陳老師一直在我的身旁陪伴，這是我最感動的地方。個人，家庭，工作，他的生涯教練，貫穿著一種感動，是喚醒年輕人發現自己生命裡那部分被忽視遺落的感動力量。

在工作與家庭，個人與周遭，在陳老師的陪伴裡，自己體會最深的部分，其實是理解人的部分和關於愛的力量。人都具有相同的最本質的部分，那就是愛和信任；人，都具有相通的相處過程，是接納，尊重和信任。在職場和家庭，不同的場景卻都需要相同的那一個「有擔當」（Accountability）和「有溫度」的人，如陳老師所說的，我們不應僅僅看到人表象的行為而真正注意到他深層次的動機，去「尊重」（Respect），去「感激」（Appreciate），

去用動機回應動機，做一個在困境和危機中靠得住的舵手，主動地駕馭你生命的船。

改變只是在轉念之間，年輕人那種一時無望的焦躁感和失去方向的無力感，就僅僅會被教練的一句話而驚醒，像是「不是背上的壓力壓倒我們，而是我們處理壓力的方法不對」，又比如我們常懷疑「人生的道路，到底是事業第一還是家庭優先？」教練正是那個在關鍵時刻能喚醒你的人。

人生就像一場關於信任，改變以及自我領導力的革命，關乎你，我，家庭和職場；陳老師幫助了我，也希望他的這套書能成為你生命裡的光和鹽，祝福你。

建立自己的
獨特領導風範

目錄

2 ｜反思釐清：對手偷不走的領導優勢

3 ｜換軌轉化：教練式領導力

4 ｜精進內化：建立你個人獨特的領導風格

推薦文 1

一盞燈、一席話、一段路

佘日新 教授（逢甲大學講座教授、財團法人中衛發展中心董事長）

一個動態的世局，只有可能、沒有答案。

「動態」源自於世界的複雜，複雜之間又因開放的鏈結，因果關係變得更為複雜。全球化三十年來，歧見鴻溝日益加深、貧富差距日益加劇、各個階級的對立日益明顯，各國政治領袖的政見多流於「只有感動、難有行動」的困境。

近五年來，伊斯蘭世界受到正式或非正式的勢力打破了均衡，從「茉莉花革命」引發的北非動盪、到兩伊的板塊移動、到敘利亞內戰引發的難民潮、牽動了西歐的不安定、到英國脫歐，一張張骨牌般傳導了不安與不滿的情緒與情勢，我們所期待的政治領袖似乎一再令人失望。貧富差距加重了產業領袖肩上的擔子，全球產業急行軍了二十年，過剩的產能、均一的產品、企業的社會責任、生態與環境的挑戰，在在挑戰著企業領袖的領導能力，就業與所得在經濟動能普遍不足的狀況下，成

為政府與一般民眾對企業主的殷殷期許,但,真正能展現「創業能量」(Entrepreneurship)以突圍的領導力仍是偶然、而非必然的。

認識朝益兄有好一陣子了,他應該是我所認識最認真的退休人士。往來於美台之間,每次回美國總是排滿了教練課程的進修,汲取先進經驗中的最新知識,內化、轉化為台灣情境可以運用的教練方法,回到台灣就風塵僕僕地陪伴亟欲從他那兒獲得教練引導的專業主管。三不五時,我會邀請他到大學去向高階主管講授「教練學」(Coaching),對台灣主管而言,尚在賞味期的「教練學」宛若大旱逢甘霖,對朝益兄有別於過往的「訓練課程」(Training)和「導師制」(Mentoring)的教練學深感著迷,高階課程的學生爭相接送老師的盛況,反映了學生想從老師那兒多挖些寶的渴望。我們也私下洽談在各種平台上合作的可能性,無非就是希望對於家鄉的人才多盡上一點棉薄之力,讓人才成為家鄉再現風華的重要基石。

朝益兄這系列有關教練的套書,主題分別為「信任」、「如何建立自己獨特的領導風格」、「如何讓改變發生」、「傑出領導者的關鍵轉變」與「如何讓改變發生的 50 個關鍵議題」。在書中,朝益兄不改其長年任職跨國大公司的溝通與記憶方法,

提出如「5C 架構」、「SCARF」、「GROWS 2.0」這些智慧
與執行的框架，潛藏在書中各個不同章節中，等待讀者去採礦。
其中，有一個新的字詞閃亮登場：「領導加速器」（Leadership
Accelerator），吸引了我的注意力。

　　全球這些年受到德國「Industrie 4.0」的啟發，紛紛推出
跨世代的代別註解，富二代有別於擁有大量財富的創業家、行
銷 4.0 傳遞的是一個迥異於過往三代行銷手法的新型態行銷。
加速器是創新驅動的經濟體中，至關重要的創新（業）育成中
心（孵化器）的進階版，但那個加速器不是一個當下紅遍全球
的「創客空間」，也不是一個政策獎勵，而是我最喜歡的「一
盞燈、一席話、一段路」。

　　第一次聽到朝益兄說這三個一，腦中即浮現生動且深刻的
畫面，因為我的妻子明軒過去二十年的工作就是「一對一」，生
命的積累一點也加速不來。當一個高階主管踏遍了大江大海、
呼喚了大風大浪，真正能撼動得了內在的所剩無幾，正如經典
名著《小王子》的那句經典台詞：「只有用心看才看得清楚，
重要的東西是眼睛看不見的。」那些高貴、無形、又深邃的礦
藏，不但無法迅速開採、也無法大量生產，自然也無法以教育
訓練或導師制加以開採的，時間是必經的歷程、壓力是結晶的
根源、陪伴是支撐的鷹架，一個有經驗的教練扮演的角色影響

這類工程品質甚鉅，等「礦坑的鷹架」拆除，顯現出來開採的成果是不太值錢的煤、亦或是價值連城的鑽石，即決定了高階主管對自己的交代、對組織的承諾、與對社會的貢獻價值。

　　當前舉世公認最強大的「精實管理」，起源地豐田汽車有一個理念是「造車先造人」，這句話值得我們細細品味。人是一切的基礎，但大多數組織卻花很少的精神與時間「造人」；就是因為人造得不好，所以組織呈現的是混亂居多，弔詭地否定了組織存在的價值。造車，工人們可依照設計藍圖施工，但掙扎著要造人的我們卻連生命藍圖都沒有，更諷刺的是連自己的藍圖都沒有；一路揣摩、一路失敗、一路奮起，其間有的是人生的精彩、有的是人生的悲哀。「孤峰頂上、紅塵浪裡」描寫的正是領袖（高階主管）的孤獨與險惡，幸運的人有同伴願意傾聽、最幸運的人則有教練願意以一盞燈、一席話、一段路，陪伴你邁向人生的精彩。

　　這是一個動態的世局，只有可能、沒有答案，答案要自己了悟！

推薦文 2

誰先學會改變，才是真正的領導者

劉寧榮 教授（香港大學 SPACE 中國商業學院總監）

　　陳朝益先生是一名出色的教練，也是與我們中國商業學院
（ICB）合作無間的老師和一位值得信賴的老朋友了。ICB 成
立以來，我們合作過的老師無數，但真正能靜下心來寫書的並
不多。這次看到他又有新作出版，恭喜之餘亦有些許感歎。這
個年代，互聯網充斥我們的資訊世界，我們又都被日常的瑣事
完全占據，能讀書的機會本來就少，能引人共鳴的好書更是越
來越少。

　　他的這套系列著作《如何讓改變發生》引起了我的共鳴。
和今天許多的中國企業一樣，ICB 也正經歷著飛速發展期，這
套書中提到改變的四個階段：「信任」、「獨特的領導風格」、
「如何讓改變發生」以及「高管的最關鍵轉變」，我們每天都
在面對。用陳先生的話說，是「從管理走到領導的新境界」。
我想，僅憑這句話的「境界」，就值得我們去讀一讀這套書。

　　其實，對於管理，老祖宗們很早以前就教給我們了。我們

從小就知道的「知人善任」；「用人不疑，疑人不用」；「誠信為本」……恰與今天的組織對內要建立上下屬之間的信任關係，對外要樹立企業形象、維護企業信譽等等概念不謀而合。然而，中國人本身骨子裡對人際交往採取的「謹慎」態度，老祖宗也一樣提醒了，「防人之心不可無」嘛！到了今天，團隊之間需要互相「信任」的道理大家都懂，真做起來，就不是那麼回事了。

同樣，企業誠信是從前中國人從商的最基本守則，從紅頂商人到「徽商」、「晉商」，中國人是最早把為人處事的最基本道理帶進商業流通領域並一以貫之的。很可惜，這些做人做事的淺顯道理不少人都拋之腦後了。因此我們有必要好好審視自己做企業的良心，建立企業的良好形象，贏得社會的信任。而信任不僅是一個社會可以和諧發展的重要條件，也是一個企業可以長青的基礎。

我還想說幾句關於「領導風格」的問題。綜觀歷史長河，出色的領導者一定有其獨特的個人風格與個人魅力，這一點毋庸置疑。關鍵的問題，是怎麼樣從「管理者」蛻變為具有「獨特領導風格」的領導者。我總以為，領導者所具備的某些共同的要素是與生俱來的，與其個人性格、生活背景密不可分。中

國兩千年的「封建」史，名垂青史的不過那幾位皇帝，他們個個具有不凡建樹，連帶著他們那些時代的真正管理者——大臣們，也是一批批地出現。可見，管理者本身蛻變為領導者之後，剩下要做的事就是批量製造更多高品質的「管理者」了。如果領導者只是一味地著眼於企業營運，卻不重視培養管理人才，提供人才發展的階梯，便也做不到陳先生在書裡說到的「華麗轉身」，或去思考如何讓企業「永續發展」，從而成就自己的生命高峰了。

　　最後，再來說說「改變」。陳先生在他這套書裡所說的改變，背後的原因不外乎兩個：一來外部環境變得太快，英國人說「脫歐」轉眼就真的脫了；二來也有這樣的情況，真的有那麼些人，居安思危，在被改變之前首先改變自己。在我看來，後者才是真正的領導者。現如今，全球的企業都在面對改變，而這些改變又往往是領導者所引領和推動的。在無形的商業戰場裡，誰能快人一步的改變，誰就是最終的勝者。

2016 年 8 月，香港

推薦文 3

領導，在領導之外

黃清塗（基督教聖道兒少福利基金會 執行長）

　　我在 2011 年接下基金會執行長，對於這個新的單位的發展還是帶著忐忑的心；有機會拜訪當時「台灣世界展望會」杜會長，他提醒我，「領導者應該多問題，而非講過多的話。」它就如同一把鑰匙，開啟了我個人領導另一個探索之門。

　　我服務的基金會屬於中介型的組織，對於接受協助單位的績效會持續追蹤，發覺多數單位執行績效與團隊組織負責人的領導思維息息相關。我回顧自己的領導養成是沿路摸索，如同走在漆黑的隧道中，內心戰兢，深怕出什麼差錯，渴望有個扶持，內心有種不知道何時可以看到盡頭亮光的徬徨與煎熬。基金會乃研議開領導方面的課程，在 2015 年初與陳哥有機會合作，除了提供協助單位夥伴團隊訓練的機會，自己也再經歷一次系統性領導的內在對話、驗證與學習。

　　團隊若以領導者意志為核心，將個人成功的經驗或想法強加在下屬，要求服從，下屬只是遂行領導者意志的工具，組織

將呈現單一向度，團隊中的成員個人創意無從發揮。今日已經進入個人化的網路社群時代，環境變化與多元型態更加劇烈。前線任務執行者決策能力的強化可以建立更迅速回應環境變化的組織，錯誤將成為個人與組織成長的養分。

　　理想的職場既是工作場域也該是成長的處所。主管若能相信員工有解決能力，站在員工的同一邊，而非對立面看問題。透過提問釐清問題、協助員工覺察盲點與建立目標，最終建構員工的思維架構。員工承擔任務即是內部彼此對話的基石、建立信任媒介，甚至是人才培養的管道。由於員工在任務完成過程高度的參與，對工作有強烈的擁有感，當責感由心而生，而非來自於組織的要求。

　　若對管理與領導下這樣的定義：「管理著重看的見部分的處理，領導則是看不見部分的面對。」以 101 大樓為例，管理是大樓的外貌或施工品質。領導的信念如同穩大樓重心的阻尼器，設計的良窳決定在地震或高風速的狀況下，大樓主體的搖晃程度，除影響住戶舒適及長遠對建築主體安全的影響。

　　我自己曾有過和伴侶鬧僵的經驗，也會和員工也有過正面的拉扯，曾有過不被信任的經驗，自己的行事風格可能會讓員工經歷這種憤怒與沮喪。這些看起來極為瑣碎、相關或不相關

工作上的事，卻不時挑戰個人領導的信念。「你願意人怎麼待你們，你們也要怎樣待人。」信仰裏古老的提醒，對領導者仍然鏗鏘有力。

　　被外部期待的工作表現、環境挑戰與內心恐懼，如一層層灰土覆蓋在自己作為一個人與對待人的初衷。我是誰？相信甚麼？想看到甚麼？是每個領導者必須自己填寫的答案。「信是所望之事的實底，是未見之事的確據。」這一趟信心之旅，我還在途中，教練幫助我點亮了那一盞燈，讓我看到希望。

　　朝益兄本身產業界的經歷豐富，退休後個人孜孜不倦的在領導這個領域進修，我其中受益者之一。他這套套書出版，提出領導中許多重要的概念，並輔以案例說明，對領導者將有醍醐灌頂之效。

2016 年 7 月 31 日

系列叢書 作者序

昨日的優勢擋不住明日的趨勢
——學習改變是我們唯一的出路

這是個產業變革翻天覆地的時代。

「多元，動態，複雜與不確定」（DDCU, Diversity, Dynamics, Complexity, Uncertainty）已是這種時代的常態。

許多的領導人和經營團隊都明白：「不是前面沒有路，而是該轉彎了」，他們更需要比過往任何時刻更多的「學習力」和「應變力」去面對這樣的環境。

可是，許多領導者都「知道」要改變但是卻「做不到」，我花了許多的時間來研究和探討這其中的因由，最後我總結了幾個關鍵課題：

*   知道但是做不到：我知道它的重要性，但是不知道「如何才能讓改變發生」？

- 如何由管理轉型到領導：如何從「要我做」轉化到「我要做」？這說來簡單但是做起來不容易，如何讓員工樂意參與貢獻？
- 斷鍊了，該怎麼辦？「信任」是有活力組織的關鍵粘著劑，領導者們知道它很重要，但是卻不知道怎麼做到？
- 如何學習領導力？許多人怎麼學都學不像，心裡好挫折，也不願意成為另外一個人，如何長出自己最適合的領導樣式？

做為企業高管教練，我深深感受到華人社會的這段轉型路走起來並不順暢，有些原因是來自「自我內在對過往成功的慣性或是驕傲」；也有些原因來自「對未來的不確定性的恐懼」或是「不知道該怎麼辦到」？「改變」本來就是一條大家都沒有走過的路，在以往的經驗裡，企業組織及至個人，就是藉著培訓或是專業顧問來面對這些挑戰，但是這些手段已效果不彰，怎麼辦？

" 用進化版的自己面對明天 "

處在這樣的時代裡，唯一不會變的就是「必定需要改變」

這件事，因此如何「學習，覺察，反思，應變」是必要的基本功，對於我自己，我每週都會定期問自己這幾個問題：

- 在過去這段日子，我感受到什麼變化？
- 我做了什麼改變？
- 我從中學習到什麼？
- 下一步，我如何能做得更好？

對於我的教練學員，我也期待他們定期問自己和他的「支持者」（Stakeholder）兩個簡單的問題：

- 在過去這段日子（基本上是一個月）你觀察我做對了那些事？
- 在下一個階段，你建議哪些地方我可以做得更好？

我常用「Cha-Cha-Cha」作為公開講演的題材，它指的是「改變（Change）—機會（Chance）—挑戰（Challenge）」，在每一次改變中會存在許多的機會，但是中間也同時存在許多挑戰，有些人受限於他們自己過往的經驗，比如說「這不可能，太困難了」而選擇放棄，他們面對不確定性恐懼的態度則是「不

管三七二十一，逃了再說」（Forget Everything and Run）。

但是，也有許多人敢於面對這些挑戰，他們也會有恐懼並經歷過許多困難，但他們選擇「勇敢面對，奮勇再起」（Face Everything and Rise-up），也許會經歷失敗，但是這卻磨練了他們的筋骨，越戰越勇；在這種多元多變化的時代，一個人的成功不再只靠自己既有的素質或是本質，如何發展自己的「潛能」，開展自己特有的「體質和特質」，積極面對以跨越和實現「明天的趨勢」，正是這套書所要專注的課題。

我將在這套書中呈現的，不是那種有關「你應該怎麼做…」的知識性、「灌能式」領導力傳道書。做為一個專業的企業教練，在我心中沒有「最優秀」只有「最合適」的領導力，每一個領導人的行為會因為不同環境和氛圍而產生改變，比如說，它會因為不同的「所在地，組織／團隊文化，時間，場域，人文風情，環境氛圍，組織內領導人或是團隊的管理和領導方式，服務的對象…，」等而會有所不同（也必須有所不同），有智慧的人會因地制宜，做出最佳最合適的轉換，這是「適應環境的能力」或稱為「應變力」。這不只是要靠知識和經驗的積累，更需要能「開竅」激發出領導人的智慧潛能；我們要如何能達成這個目標呢？這即是這套書的寫作動機，我將試著由以下這些方法來闡述：

- 專注在「華人文化氛圍」內領導力的「Cha-Cha-Cha」。
- 使用教練和引導型的對話和故事型的案例陳述，而不是「教導型」的論述。
- 在每一個關鍵環境，引導讀者「反思，轉化，應用 , 行動」（RAA: Reflection, Application, Action)；我個人深切的理解「暫停」的力量，這是我們回來自己「初心」的時候，也期待讀者們在這套書中多問自己：「我在哪裡？我選擇去哪裡？我該做什麼改變？」

"「換軌與精進」"

這也是一套與領導力有關的「換軌，精進」自我教練書，有人曾經問我管理和領導的差別是什麼？我給他們的簡單答覆是：

- 管理是「要我做」，領導是「我要做」。
- 管理是「著力在人性的弱點」，領導是「著力在人性的優點」。
- 管理是「有效率的將事情做好」，領導是「吹著口哨有

效率的將事情做好」……。

這些都是一聽就明白的淺顯論述，我的使命不在分享「管理和領導是什麼、不是什麼」，有關這些知識的書籍汗牛充棟，我的使命是協助有意願改變的人「如何讓改變發生？」，並因此成為一個傑出的領導人。

有人說「知難行易」，也有人倒過來說「知易行難」，做為一個生命教練，我則要說：「由知道到行道是世界上最遠的距離」，如何協助被教練者優雅的轉身是身為教練最重要的價值。

同時，這一系列四本書的價值或許也不在於它傳遞的知識內容，而是它帶給你的感動和行動力量，希望能引導出你對組織和社會改變的價值。同時，我也希望保持每一個主題書的獨立性和完整性，而不必再去參考其他的書籍，包含本套書和我個人以前的著作，你可能會經歷到到一些重新出現的圖表或是教練工具，在此先行致意。

以下容我簡單敘述這套叢書中每本書的內容：

◆（1）信任（Trust）：

我們有許多的組織「斷鍊了」，可是最高領導人毫不知情，還是自己感覺良好；大家都有騎自行車斷鍊的經驗，在組織裡，

許多高層主管非常的努力，兢兢業業的在經營，可是團隊就是跟不上來，有位董事長就告訴我「為什麼我事業這麼成功，但是我還是這麼辛苦？」在和他的高層主管面談後，我告訴他「組織斷鍊了，這裡有嚴重的信任缺口」，原因很多，不是簡單的「計劃趕不上變化，變化趕不上老闆的一句話」，還有更深層的「信任危機」，在這本書裡，我們要專注的是：

- 如何覺察斷鍊？
- 如何建立信任？
- 如何分辨信任？
- 如何重建信任？
- 如何檢驗信任的強韌度

◆ **（2）如何建立自己獨特的領導風範（Build Up Your Signature Leadership Style）？**

這是我的招牌教練主題之一，在各組織或是在 EMBA 裡最被需求的課程，它是我個人過去三十餘年來研究實踐後的領導力發展結晶。

大部分的組織現在正由「管理」轉換到「領導」的道路上；管理是科學，它可以學習和複製，但是領導則不同，它不再只

是「懂就夠了」的知識，而是要「歷練後才能擁有」的個人能力，要在「歷練，反思，學習」過程中長成，一步步發芽成長，它需要時間，也需要一些錯誤學習的經歷；我的企圖心是不只要能「傑出」，更要能成為有「風範」的領導人，我在這本書的三個主要議題是：

- 教練型領導力（Coaching Based Leadership）
- 建立個人獨特的領導風格（Build Up Your Signature Leadership Style）
- 領導風範（Executive Presence）

在本書裡我不打高空，只針對這些主題作了清晰的闡述，有原創模型，自我的現況檢視表和工具箱，一步步幫助讀者走出來你自己的領導風格；沒有對錯，只有「選擇」哪一個方式對你自己最合適，那就是最好的答案。

◆ （3）如何讓改變發生？

坊間有太多的書是談「改變」，這是「知識」，「懂知識」還不能夠改變，要能衝破那「音障」走過那「死亡之谷」，改變才能發生。聖經裡有段話非常的傳神「立志為善由得我（知

識），行出來由不得我（行動）」，你認同嗎？為什麼呢？這是神在人體上設計的奧秘，所以我也稱這本書是「人體使用手冊」，由人的本質來理解如何來讓改變發生？不談理論，懂還不夠，要敢於跨過這「恐懼之河」，走出來，做出來。

這本書以教練的專業和「合力共創」的精神來和讀者一起來啟動改變，讓改變發生，我們要深入人的內心世界，探索我們的心理狀態，找到自我改變的理由，動機和動力，自己來啟動改變，來完成由「要我做」到「我要做」的轉型。書裡頭有心理層面的探討，也有執行面所需要的工具箱，讓改變發生，成為常態。

我們使用教練流程，不是說「你應該…」而是探索「你想要…」的可能，讓每一個人願意做真誠的自己，扮演他自己作為領導人的角色，讓團隊看見陽光和希望，成員們願意參與和貢獻，自己肯定在組織裡的價值，告訴自己說「值得」，這是個人所需的那份「幸福感」。

- **（4）傑出領導人的最關鍵轉變（Executive Coaching）**

在專業的教練領域裡這叫「高管教練」，這是我定期在香港大學「SPACE 教練講座」裡所專注的課題，這是針對在職高層主管所開設的工作坊，每一期學員的反應都是非常的熱烈，

有實例，可操作性也高，也是我個人做專業教練唯一的課題，如何幫助中高階主管換軌後再精進？這本書的內容，與其說它是教案內容，不如說是我在「教學相長」後的實驗成果；在我做專業「高管教練」多年後，經由高管教練間的互相學習（我每一年會參加國際上高管教練的先進課程或是研討超過 100 個小時），經由一對一個案教練案例的學習，或是經由教練工作坊裡學員間的討論所學習到的智慧，在加上個人過去作為高管的體驗，我努力將這些心得沉澱下來，目的不是只為「有困惑」的高層主管們，更為「很成功的高管們」而作。

我們常說「失敗為成功之母」，但是作為一個教練，我們更常看到「成功為失敗之母」的殘酷現實，諾基亞（Nokia）前總裁約瑪·奧利拉有一句經典的話：「我們並沒有做錯什麼，但不知為什麼我們輸了」在多年後，歐洲著名的管理學院教授在訪查該公司後做出的結論是「組織畏懼症」，這是過度成功後的盲點「驕傲，自信，太專注，聽不進去不同的聲音，易怒，好強爭勝，貪婪……，」最終敗在「市場的遊戲規則變了」，但是高層主管沒有察覺或是沒有及時應變。

這本書裡，我建立了一套機制，讓領導人能活化組織，傾聽不同的聲音，再來釐清，分辨，判斷，合力共創，採取決策

和行動，這也是一本主管們的自我教練書。

高管的角度會較「全面，系統，多元，多變」，而且也較「極端」，由這個角度出發，這本書對於有志於未來成為高管的人也會有價值；這是一本由「心思意念」的改變，走進「行動改變」的教練和引導書籍，「由內而外」（Inside Out）和「由外而內」（Outside In）兼顧的教練轉型書。

◆（5）50 個關於改變的關鍵議題

這是一本工具筆記，特別提供給購買全套書的讀者。它將收錄這套書裡的教練模型精華，你可以隨身攜帶或是放在你的桌前翻閱，我將重要的觀點整理，並針對它提出一些挑戰性的問題，希望有助於你再一次反思學習，再陪你走一段路。

" 使命與感謝 "

米開蘭基羅在雕塑完成「大衛」的雕像名作後，他告訴許多人：「我並沒有做什麼，他本來就在那裡，我只是幫他除去多餘的部分罷了」──這就是教練的本質，也是這四本書的使命，我們不再傳遞更多的新知識，書裡談的內容你都明白，我想做的事就是點亮那一盞燈，讓你沉睡的靈魂能甦醒過來，願

意開始展現你最好的自己，走上你的命定！

　　面對組織和領導者所面對的挑戰，我知道我們社會裡還有許多的專家，我只是勇敢嘗試著將自己的所知所學以及所做的寫下來和大家分享，這是「野人獻曝」也是「拋磚引玉」，現今是一個轉型的關鍵時刻，我們不能再等待，需要更多的合作和努力，一起來協助有企圖心的領導人和組織成功順利的完成轉型路，這是我勇敢出版這套書的動機，容我也給讀者們挑戰：「面對這千載難逢的轉型時刻，你能貢獻什麼？」讓我邀請你參與來合力共創。

　　本書能順利出版，除了感謝家人和出版社鄭總編輯對我的信任和厚愛之外，我還要特別感謝：

- 教練界和學術界的前輩和專家們：他們給我許多的養分，這套書不全是我的原創，你會不斷的聞到前人的智慧和足跡，我會盡量表示出處或是原創者，如果還是有錯失，請你們原諒我的冒犯。
- 我的教練學員們（Coachee）：不論是一對一或是在團隊工作坊裡，在對話裡，在案例的討論或是課後的報告，我都看到許多精彩的教練火花；我由你們身上學習

到的，比你們想像中的還多，感謝你們。

- 我的教練夥伴們：在不同的項目裡，我會邀請不同專長的夥伴與我同行，我「不局限在教練領域」（Beyond Coaching），我的目的是「幫助人成功」，「樹人」才是我的目標，感謝夥伴們幫助我開啟另一扇窗，讓我經過「合力共創」來開展另一種可能來「成就生命」。

- 我的臉書（FB）社群同伴們：我出版的每一本書都有一個臉書專頁，針對不同的主題和對象做不同的分享和討論，我會定期拋出一些相關議題，請大家來提供意見，也許我們還不認識，但是你們的反饋幫我看到不同的價值世界。

建立自己的
獨特領導風範

| 前言 |

一個接班人的煩惱

　　幾年前，有位成功的上市公司老闆預備將他的公司總經理位置交棒給他的愛將，那是一位他最得力的左右手，一般人得到這種提升機會的反應多會是：「感恩點滴在心頭，然後欣然上任。」

　　可是，這位準接班人卻告訴他老闆說：「No，你這雙鞋子太大，況且我不是你，我不具備你的人格魅力，你的領導模式也不適合我。」

　　由於老闆非常器重這位一起打拚過來的愛將，並沒有這樣就放棄，在一個機緣下他邀請我來幫忙。

　　我和這位「準接班人」第一次見面時的對話非常簡單：

「你認為這是你個人的成長機會嗎？」
「是的，」
「你願意再往上一層樓嗎？」

「願意，」

「那你擔心什麼？」

「……」

「如果我告訴你，你不需要學習你老闆的領導樣式，你可以長成自己的領導模式，你願意試試嗎？」

「願意」（他頭點得特別大力）

「你還會怕嗎？」

「會，」

「為什麼會怕？」

「我不知道如何做？」

「你願意讓我陪你走這段路嗎？」

「Yes, I do.」

他爽朗的接受了這個邀請和這項職務的挑戰，我看到了他燦爛的笑容，這開啟了一段教練旅程，目前他順利的走在自己的道路上。

這也是本書的起源和這段教練歷程的三大結晶：

- 「建立你個人的領導風格」專注在如何建立你自己的領導風格的模型和思路架構。

- 「領導風範」則在討論如何做一個贏得尊敬的領導人，這是高階領導人的最後一哩路。

- 「精進領導力」則偏重在領導力建設時的執行流程和所可能經歷的關鍵時刻對話，這不是知識內容而是行動流程，一個具體的典範案例，你可以學習複製，發展出自己的領導模式。

1.章

喚醒：為什麼我們的決策常出錯？

個人領導風格是「因」，它會結出不同的
「果」，直接影響著團隊的氛圍和績效

" 昨天的優勢，擋不住明天的趨勢 "

「領導」不是一個名詞，更不是一個職稱，在中國大陸我們偶爾還會聽到這樣的說法「我們的領導…」，它隱含著權威和尊敬；我們要談的領導是個動詞，領導者承擔的角色和責任有兩方面：第一個是我們所熟悉的帶頭引導團隊成員建立願景，策略，組織發展，達成組織使命的人，另一個是建立舞台和機會，幫助每一個人的聰明智慧和意見都能展現出來；說來簡單但是要做到不容易，面對不同的人，不同的情境，如何才能做到呢？這就是這本書要達成的主要目的。我們先來回顧一下我們今天企業所面對的情境：

" 「開門政策」有效嗎？ "

西風東漸，我們的主管們在還沒有完全打掉自己辦公室的隔牆以前，也學會了一個代表西方民主的領導方式，就是常被掛在主管們口上的「開門政策」，「我辦公室的門沒有關、歡迎進來和我談談你的事」，他們在述說時臉色還不時的展露一份自傲；這個政策的立意良善該受肯定，但是如何達到目的，大部分的組織都忘了要有配套措施，如何才能成功才能實踐出

它的本質特色？

　　我常常問高階主管們有關這個主題的幾個問題：

- 扣除核心圈裡日常業務必須的互動外，平均每天或是每一周有多少一般員工進來和你談他們自己的事？
- 他們會談什麼事？公事還是私事？
- 你會用什麼方式和他們互動？
- 你認為要讓員工動起來，願意和你分享討論，有什麼必要的配套措施？

　　在問到前三大問題時，我看到主管們驚嚇的眼神，怎麼沒有察覺這個問題？我問他們每週有超過五個訪客的舉手，你可以預期結果是什麼。

　　「主管傾聽的態度會決定他們分享的深度」，甚至會決定要不要再進去敲門，我們觀察到主管的可能態度是：

- 指導型（Directing）：員工沒有答案或是還沒有機會說，主管就速戰速決直接給答案。
- 確認型（Confirming）：員工有答案，但是還是沒有把握或是沒有授權，必須經過老闆說了才算。

- **發展型**（Developing ）：這就是一般所說的「教練式對話」，你會聽到這樣的對話：

員工：老闆，我面對一個棘手的問題，你能夠給我一些意見嗎？

主管：是什麼問題呢？

員工：……

主管：如果我聽得沒有錯的話，你的意思是…，是嗎？

員工：是的，你說的對。

主管：你能告訴我我們要達成什麼目的嗎？

員工：……

主管：你能告訴我，我們該怎麼做呢？我們有那些可能的選擇呢？

員工：……

主管：那你做什麼決定呢？為什麼呢？

員工：……

主管：我理解了，你做得不錯，那你到現在做了些什麼努力呢？

員工：…

主管：你做得好，你希望我幫你做什麼呢？

員工：……

在這種對話中，員工和主管是夥伴，他們合力共創一個新的可能，主管並沒有用權力或是專業來尋求快速解決，而是一起來探討可能的解決方法，這也讓員工有學習成長和成就感；可以期待的未來，員工更有能力和高度來解決他們下一個挑戰；在工作崗位上，員工能在主管的領導下學習和成長，這是所有員工心理底層的需求，這也是下一次他們再來敲門的動機和動力。

"我們只觀察自己的動機，卻審視他人的行為"

我有一位教練學員，他是一家上市企業的總經理，創辦人也是董事長找我去當他的教練，最後三方認同的第一個教練主題是「要更有決斷能力，不要太保守」；當我第一次和他針對這個主題對話，探詢這個現象時，他沒有否認，他說「我們老董太忙，所以我不會什麼事都去打擾他，我和他報告的，大概是已經成熟有八九分熟的案子。」

這就是問題所在。老董說，「歡迎你隨時找我談。」這是開門政策，但是這位主管卻認為不要去打擾他，除非有必要；

當他理解他的行為（而不是動機）不符合老董的期待時，我們就開啟了一段教練式的對話：

　　教練：你認為這個誤解，最大的差距在哪裡？針對你的動機和被老闆檢驗的行為？

　　學員：我的動機是「我要自己負責，不要隨便打擾老闆」，所以展現出來的行為是「到成熟時才找他談」；可是我可以理解老闆期待與我的是「將他當成夥伴，有事沒事就找他聊聊，不要讓他只當當橡皮圖章， 在最後關鍵才找他，如果他退你件，你會很挫折。」

　　教練：那你會有什麼改變？

　　學員：…

　　最後，你可以想像的，皆大歡喜，這個對話開啟了另一扇窗，他和老闆合作新模式的窗。

" 看後照鏡開車的領導者 "

　　「昨日的優勢擋不住明天的趨勢」這句話你認同嗎？我們都知道不能看後照鏡開車，但是偏偏許多的經營者或是決策者

依據過去的經驗或是直覺在做決策，有一本書的英文名稱非常的傳神，叫做「what got you here, won't get you there」，意思是說：「昨天幫助我們成功的能力無法保證明天能繼續成功」，許多的企業還是學習「過去的經驗和最佳案例」而沒有特別關注到今天面對的挑戰是以前沒有經歷過的，它需要新的智慧和能力來面對和判斷，需要採取最合適的決策，否則最後總是常常出錯。

另一個關鍵是自己沒有時時提升個人的能力和視野，不再學習，就好似電腦沒有定期更新，還是用老舊的 OS（作業系統），當然面對新的情境（應用程式）就無法順利運作了，當年輕人廣泛的在用 Line 通訊時，主管們不能只彈「我說了算」的老調，必須儘速的學習新的溝通技術跟上來。

學習力不只是能跟上，更重要的是需要有前瞻性的能力，做判斷，冒風險，才能掌握先機。管理學人哈默爾（Gary Hamel）曾說過一段非常有意義的話：「**今日企業競爭力較少來自於事先的計畫，更多仰賴於對未來情勢探索的能力**，能夠在不斷湧現的議題中找出優先次序，找出自己能著力的機會」，這需要前瞻力，更需要團隊成員在不同的角色不同的工作崗位不同的感受和觀察，提供不同的資訊給決策者做參考和判斷，或是大家一起來「合力共創」，及時的採取行動，這就是「領

導力 2.0」的真精神。

我們先來觀察幾個領導力變化的實例,再來找出我們的優勢和著力點,依據自己的特質來學習改變,建立自己獨特的領導風格,成為新一代的「領導力 2.0」人才,這就是本書的目的。

" 素人領導 "

素人就是組織的「outsider」,或是「inside outsider」,他不在組織的共錯結構裡,但是他冷眼旁觀,有他自己的定見。

素人領導是以常識做判斷和決策,會偏向合情和合理(個人的價值判斷,人治)而疏忽法治和紀律,他不太理會經驗和專業。所以在太平時期會讓人耳目一新,因為他脫去舊有的社會經驗法則的包袱,將組織「鬱悶」的壓力解除,展現自己的個人魅力。但是在「戰時」(極境考驗),必須靠策略和歷練才能共渡難關時,危機處理的能力就相對的減弱了。

在經營管理上,P&G(寶僑家品)前 CEO 拉富雷(A.G. Lafley)的一篇文章:《只有 CEO 能做的事》(what only the CEO can do?)就是以彼得‧杜拉克的一句「大哉問」來反思這個問題。這句大哉問要我們回歸組織經營的基本面思考,

「我們是誰？做什麼，不做什麼？要去哪裡？該做什麼？」我們不該只是汲汲營營談策略，專注在損益而忘記組織的使命和初衷。素人領導能喚醒組織的初衷，跳開規範，才能有創新，要能持續，需要有專業和經驗來支撐。

" 為什麼領導者的決策常出錯？"

領導力是門藝術，簡單但是不容易做到，身為一個教練，我陪伴過許多高階主管建立他們各自的「領導風格（Leadership style）」，說來容易建立難，它需要經歷許多的步驟：

- 喚醒階段（Awakening）：我需要做改變嗎？為什麼？
- 認知階段（Awareness）：我目前的領導力狀態是什麼（Being）？我的理想模式（Envisioning) 是什麼？我的領導力圖像是什麼（Vision）？
- 改變的動機和動力是什麼？改變後，對我有什麼好處？我有哪些選擇？
- 決心改變，開始改變的行動
- 反思學習，改變習慣，改變個性，
- 堅持到底，成為新習慣，成為個人風格。

如果沒有足夠的動機和動力，無法在最關鍵的時刻堅持到底，這將是一條艱辛而顛簸的路程；但是如果只是單有熱情和動力而沒有清楚的願景和目標，還是成不了大事。

個人領導風格是「因」，它會結出不同的「果」，直接影響著團隊的氛圍和績效，它可能起始於「信任，關係，接納」，結出的果實會是「合作，分享，挑戰和激勵」等；這些元素在在的會影響決策和團隊的績效；這本書的目的就是幫助讀者由教練的角度來自我察覺自己的「領導風格」，再來探討自己是否需要改變？你個人的最理想領導風格又是什麼？如何成功的轉變？

◆ 失去了戰場的戰將

在 80 至 90 年代的國際化企業裡，組織裡的一級戰將常常會轉移陣地，由甲區轉移到乙區，比如由歐洲轉戰到北美，由東南亞東北亞轉戰到中國，要嘛開疆闢地，要嘛當救火英雄，屢戰屢勝，屢試不爽，這些英雄們告老還鄉，班師回朝時，總是受到高度禮遇；直到有一天，發覺這一招不再管用了，在北美的戰將無法勝任歐洲戰區的挑戰，在中國市場的戰將無法經營印度市場的特色，最高主管們知道，時代在變化，我們所領導的員工每一個人的需求不同了，消費者也在改變，商業模式

時時在創新，企業組織內部也必須跟著做改變，我們需要的國際化人才不再是「管理或是傳統的經營人才」，而是「在地深耕的國際化人才（global view, local touch）」，工業 4.0 的浪潮正在席捲大地，每一個組織正在經歷由上而下，有裡而外的大翻滾；我們不能再期待相同的投入會有不同的產出，改變是王道，但是如何做改變呢？要由哪裡著力呢？這是每一家企業高層主管們今天共同要面對的課題和挑戰。

◆ 翻滾吧，國際化

　　以前進入外商的基本素養之一就是語文能力，特別是英文，這是基本功，之後才來談個人的專業能力，目的是好溝通。

　　在 1994 年我曾對一個技術能力非常高的人才下過一個最後通牒，「在未來六個月內將英文練好，至少能和老外溝通，否則你就必須走路」，這個員工非常有志氣，他辦到了，今天是組織裡的高層主管之一；在過去幾十年就這樣折騰著好的人才，許多人不管在國內或是到海外求學，最主要的目的就是練好英文。

　　但現今時代改變了，我參加許多外商在國內的高階主管會議，他們鼓勵開會時用本國語言來討論，自己另外找一個翻譯來幫助他理解團隊討論的內容，我曾問一個老外為什麼有這麼

大的改變，他的回答很簡單「我們要用他們的專業和能力，請他們來服務客戶開拓市場，而不是服務我們，我們得透過這些員工來面對市場的，我們需要改變我們的領導方式才能在每一個國際化市場經營成功」，這些員工不再只是總部決策的執行單位，他們被期待要在本地市場的經營發揮並創造價值，不管是在研發，市場營銷，銷售或是客戶服務，都要走出本地的特色來，這是國際企業的轉型，不再強勢而是夥伴關係，這是企業文化的領導力轉型。

我們的企業在海外的運營還是有太多的外派幹部，對當地的員工建立一個「玻璃天花板」，不信任當地員工，造成更多的惡性循環，這是今日企業邁向「國際化」需要克服的心結，這是領導力的重要轉型關鍵時刻。

◆ 領導者的盲點

一家企業的董事長對人非常熱心，特別是對企業外部的供應商和合作夥伴，不只是過年過節送禮，平常有好東西都不忘分享，做為一個外部的企業教練，偶爾還會驚喜的收到一些他們特製的紀念禮品；他對企業內部的員工也是非常的貼心，大禮物小禮物的定期在送，我有機會做一次高管的訪談，結果是他們的幸福指數並不高，我深入的問這些員工為什麼？他們的

回答讓我有點驚醒「老闆對外人特別溫暖，有說有笑，但是對自己人就板起面孔，特別的嚴厲，我們感受不到他的溫暖」，當我將這個圖像反饋給老闆時，他自己也嚇了一跳，這是人共同的盲點，「**主管（父母）的好動機對員工（孩子）不一定有價值**」，許多主管認為對的事（動機）就做，而忽略員工的感受，「**我們批判他人的行為，但是卻只是查驗自己的動機**」，我們的共同盲點是沒有查驗別人的動機就依據他的行為做判斷，或者是忽視自己的行為所造成負面的影響，縱使它來自一個高尚的動機，我們有許多的父母不都是這樣做而不自覺嗎？

我曾有個機會去參加一家企業的高管會議，那天董事長人在海外，所以透過視訊參加會議，我觀察到董事長的鏡頭一直沒有擺好，只能照到他的下巴，無法看到他的眼神，可是會議開了兩個小時，沒有一個人願意或是敢於提醒董事長，他自己也無法知道自己在對方面前的外在行為，對我這是一個組織領導文化的明顯指標。

Nokia（諾基亞）前總裁奧利拉曾說過一句經典的話：「我們並沒有做錯什麼，但不知為什麼我們輸了」，在多年後，歐洲著名的管理學院教授在訪查該公司後得出的結論是：「組織畏懼症」。這是指一家公司過度成功後出現的盲點：「驕傲，自信，太專注，聽不進去不同的聲音，易怒，好強爭勝，貪婪…」，

最終諾基亞敗在「市場的遊戲規則變了」，但是高層主管沒有察覺或是沒有及時應變；諾基亞並不是唯一的案例，許多曾經呼風喚雨的企業，如柯達、摩托羅拉不都是如此嗎？

◆ 難道是我錯了嗎？

有一個績效卓著，戰功彪炳的企業經營戰將，他治軍嚴謹，賞罰分明，公平公正公開，個人魅力十足，他的口頭禪是「拿結果來見」。

他最近獲得一個內部提升的機會，我有機會訪談他的部屬，我問：「你們願意追隨他嗎？」後來大家回答也讓我們嚇了一跳，「**他是好主管，但他不是我的朋友，我不願意追隨他！**」結果是他沒有機會再晉升一級。

在另一家企業，他們開始建立導師制度，由高潛力人才來選擇自己尊重的導師，結果有點尷尬，願意跟隨這些戰功彪炳戰將的人寥寥無幾，反而是那些專業高階經理人跟隨者多。這是什麼原因呢？難道治軍嚴謹有錯嗎？個人魅力型的將軍有錯嗎？我們只知道，今日我們邁入一個新的領導力世代，是所有主管們必須改變領導力的時候了，這是「領導力 2.0」的新世代。

" 組織三世代：組織的發展和更新 "

在過去幾十年，我們經歷了三個組織發展的世代，現在我們又躬逢其盛，開始要進入第四個世代，它們是「農業世代」，「工業世代」，「資訊化世代」，現在我們開始進入「人性為本」的新世代；每一個世代都有其背景和特色，我們簡單來回顧一下，確定你或是你的企業沒有停滯在過去的世代，我們這裡談的「世代」是一種精神，方法和態度，和你所從事的行業或是專業沒有關聯，換言之，我們不是談「農業，工業，資訊業」，而是那個世代所帶來和陳現的特色；這些案例就在我們身邊，信手拈來，都是非常的熟悉；像是「手工肥皂」、「文創產業」的感動創新到教學方式，親子關係…等等。

「工業化世代」開啟的是管理，規則，效率，標準流程，最佳典範，責任，改善，上對下的組織和權力架構，目標管理，流程管理，個人激勵…等。

「資訊化世代」帶來了主管們的英雄式領導（領導 1.0），文化變革，網路團隊，夥伴，賦權，分享，創新，效益，團隊激勵。

我們今天正式面對新的一個世代，我們且暫定它是「人性本位」（人本）的世代，它還沒有完全定型，還在開展演化中，

這是我們所觀察到的一些特質：自我管理和領導，激勵來自於自主性，成長性和意義，專案團隊，個性化多元化領導（每一個人都不同），關係，信任，團隊建設，整體利益，主管們的僕人領導（領導 2.0）。

相對的，在領導力，組織架構，決策模式，薪酬機制和員工提升各方面都會有顯著的不同，如這兩頁兩張表所揭示的，今天對組織最高領導人的挑戰是：你的領導模式有跟上來嗎？你滿意你的組織績效嗎？

" 「變變變」的時代，我該怎麼變？ "

組織世代變革

工業化世代	管理，規則，效率，標準流程（SOP)，最佳典範，責任，改善，上對下的組織和權力架構，目標管理，流程管理，個人激勵……等
資訊化世代	主管們英雄式領導（領導 1.0），文化變革，網路團隊，夥伴，賦權，分享，創新，效益，團隊激勵
人本世代	自我管理和領導，激勵來自於自主性，成長性和意義，專案團隊，個性化多元化領導（每一個人都不同），關係，信任，團隊建設，整體利益，主管的僕人領導（領導 2.0）

　　為什麼會有這麼大的改變呢？我們可以簡單的用兩個質變的角度來闡述：

　　1. DDCU + 3G：這是水平軸。

- Dynamics （多變化）
- Diversity（多元化）
- Complexity （複雜化）
- Uncertainty（不確定性）
- Globalization（全球化）
- Generations （世代交替）
- Gender （性別平等）

世代間的異同

	工業化世代	資訊化世代	人本世代
領導力	管理，SOP	魅力型領導	自我領導 僕人領導
組織架構	金字塔 權力關係結構	網路組織 社群組織	專案團隊 多元團隊
決策模式	由上到下權威式， 老闆說了算	團隊共識	教練式自我挑戰成 長和意義
薪酬	固定薪資（階級）	個人和團隊績效	有選擇性的薪酬， 利潤分享機制
升遷	背景，能力，資深，關係	績效，專業，尊重	專業，熱情，投入， 價值創造

2. TEMPLES：這是垂直軸的變化。

- Technology（技術快速的更新）
- Economics（經濟的多元，不確定）
- Market place（消費者行為的變化）
- Politics（政治環境和氛圍）
- Legal（法律的制定）
- Environmental（環保的需求）
- Social（社會價值，更為多元）

我相信我們每一個人對這些元素的變化都有身歷其境，感同身受，我們無法拒絕，我們只能全盤接受並適應並改變自己，同時在組織裡的領導力也需要時時做更新，我們沒有選擇。

◆ Y／Z 新世代領導力

「Y世代」是指在 1980 到 1994 年出生的人，Z世代則是在 1995 至 2009 年出生的人，Y世代追求的是「我有話要說」，他們在職場已經有一陣子了，Z世代則是「數字化原住民（digital natives）」，他們共同的特色是創新（顛覆），圖像，活力，追求自主自由，自我中心，要求參與討論和決策，應變和適應力強，互動，合作等。這是新世代領導力的啟動點；這不再是特

別針對這世代的年輕人，而且已經成為我們目前社會的共同生活工作和思維方式。

他們有哪些共同的特色呢？有許多的顧問公司做過類似的研究調查，我們可以總結他們共同的需求是：

- 需要有一個活潑好玩和活力四射的工作環境和夥伴。
- 合理的報酬，
- 未來的成長發展性，
- 需要自由度和彈性的工作時間，
- 有專業發展成長的機會，
- 需要被尊重，不要用權力來指揮我，
- 需要被挑戰。
- 需要能學習成長。
- 對於自己有意義。

針對員工的期待，以上所指出的都是在領導力的範疇；針對彈性的工作時間和自由度，我們也觀察到一些跨國企業開始實施「自我管理休假制度」了，意思是說只要將任務指標達成，主管信任員工自己有能力來管控自己的休假長短和時間；有一段描述新世代年輕人對「鐵飯碗」的看法讓我印象深刻：「**不再**

同一個地方吃一輩子飯,而是一輩子到任何地方都有飯吃」,
這完全顛覆老一代對留才的觀念。

　　面對這個經營環境,主管們的領導力是該改變了,但是如何來應變呢?

　　調研機構「蓋洛普」在 2014 年在美國作了一次「員工投入度」的調查,這個結果讓許多的經營者跌破眼鏡,平均只有 20％的員工滿懷熱情的投入工作,他們是企業的內部創業者;另 50％將工作認為是一個職業也是責任,其他 30％則是來就業的,為的就是那一份薪水,這也是「上班一條蟲,下班一條龍」的族群。對於經營者,我們可以解讀為 50％＋30％＝80％ 的人,多數是被動的「盡力而為」上班族,只有那 20％的人是「使命必達」。我們常聽到「失敗的人常會找藉口,成功的人會找方法」,如何將這 80％的上班族轉化為熱情洋溢的創業族,這是領導力的挑戰。

　　台灣的《Career》雜誌在 2015 年上半年也針對 80 後的年輕人離職原因作了一次的調查,這份報告也給主管們一個棒喝:

- 69.3％ 不認同直屬主管的管理方式
- 48.0％ 對工作沒有熱情

- 44.9% 對薪資不滿意
- 43.1% 學不到東西
- 34.7% 和同事相處不融洽
- 31.3% 與公司理念不合

在 2015 年年底，也有同樣類似的一份報告呼應上面的精神：現在有 70% 的年輕人想離開目前的工作，他們願意為只有 12% 的加薪而跳槽，但是原來的企業必須加增 30% 的薪資才願意留下來。

組織一向非常在意組織文化和高階主管的領導力建設，但是卻相對的忽略了中階和基層主管領導力的培育，特別在這個企業面對多元多變化的新世代，這是領導和管理必須轉型的關鍵時刻，這就是本書出版的主要目的，協助主管們建立你個人的獨特領導風格，來面對你所服務的員工和客戶。

" 一場 4D 電影：參與 "

前些日子我有機會看一場 4D 的電影，這是基於好奇「什麼是 4D」的心態而前往；進去後才恍然大悟，電影院的椅子設計是動態的，會隨著劇情變動，舉個例子說，在一場的空戰

中，椅子會隨著飛機快速的轉動飛翔搖擺而心驚肉跳，飛過雲霧時還會不時有霧水噴在頭上，讓我感覺不只是臨場感而是親自「參與」這場的戰鬥，我就是主角；有一個朋友說這就是今日年輕人要的世界（要參與）；所以 3D 的立體真實感還不夠，他們不要你來告訴他們，要親自參與，那更不要說 2D 的看圖說故事了；我覺察自己過去常常鼓勵領導人要學習會說故事，看起來這是 2D 的世代，現在領導人要努力邁進 3D 立體實境說故事，要讓人表達意見、意見要能被聽見，像我們見證過的台灣「太陽花學運」和香港的「雨傘學運」就是案例。進入 4D 就是要讓他們參與，而這需要極高的領導智慧。

我會在本系列書第三冊《讓改變發生！》裡，介紹「公共參與（Public Engagement）」這個專業能力：領導人如何因著不同的主題而讓受眾適度的參與，同時它有五個層次：告知（Informed），諮詢（Consult），參與（Involve），合作共創（Co-create），賦權（Empower）。

◆ 環境形塑行為

一個人會因為外在環境的改變而展現不同的行為風格，曾經有個笑話說，「孩子問爸爸能否搬到教會住，爸爸問為什麼？孩子說：我喜歡那裡的爸爸」。其實我們也發現：

- 「STOP」（暫停）和人行道標誌在台灣只是參考用，在國外開車時會自動遵守。
- 在香港和倫敦，紅綠燈只是參考用，左右沒有來車就可以通過。
- 除了台北以外，博愛座的標誌大多是參考用，不需要有行動。
- 「上班，下班，回家」可能有三個樣，因為環境不同。

如果將場景轉移到公司內部，你也會看到不同的生態，一個嚴厲管理型和一個人性化管理型的氛圍可能會大不同。

一個領導者的責任之一就是如何創造一個最佳的氛圍，讓團隊成員主動由「要我做」轉化為「我要做」。

◆ 向老農學習

學習型組織需要先建立一個正向積極向上的學習環境，才能讓員工們感受到安全，願意分享參與並得到激勵，這個氛圍的建設是領導人不可推卸的責任；這好似農夫，一個愚拙的人可能是「就事論事」，將種灑在道路上淺土石地上或是荊棘地上，他是將事情交辦好了，可是沒有效果，唯有聰明的人才會選擇在對的季節將對的種子灑在肥沃的泥土上，再努力施肥灑

水，驅蟲除草，期待豐收。

學習型組織也是如此，需要有智慧的建造，建造環境是第一步。

◆ 學習者的心態

領導者面對多元多變化的環境，該如何應變呢？安靜下來，保持好奇的心態，才能感受和體驗到外在的變化；用學習者的心情，以好奇心的探索心情，來面對這個世界，不斷的更新學習，每天給自己一

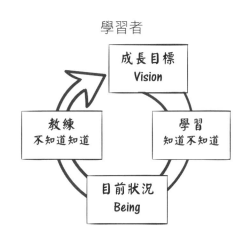

個挑戰，感受反思，時時學習並更新自己的想法。

學習不是培訓，它起自於自己的學習動機（Trigger, Motivation），理解自己目前的狀態（Being），以及要達成的成長目標（Vision），認知自己不知道什麼？需要學習什麼？更重要的是我們每一個人都有能力，但是自己可能不知道，直到在教練對話中才引爆出來，有人說它是潛能，這是學習路上

不可缺少的選擇；在學習成長的路上，我們會有許多的選項，如何做選擇，並且勇於行動開始做改變，這是第一步；在每次的行動後，要給自己一段定期的反思時間，問問自己：

- 我目前做得如何？（1-10分），我走在自己的路上嗎？
- 我如何做得更好？我有什麼新想法呢？（insight）
- 再回到現場，我可能會有什麼不同的做法？
- 我需要協助嗎？

學習有許多可能的路徑，教練的目的不在協助領導人只停留在「學習—知道所不知道的」這個層級，而是要進一步的「引

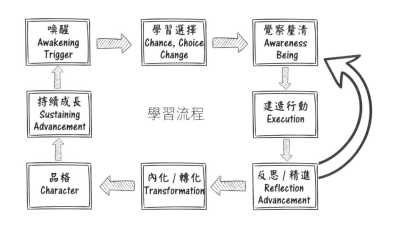

蛇出洞」將我們「不知道」我們已經「知道或是擁有」的潛在能力發揮出來，並且能自己「經歷 - 做到」，能「自己擁有」這個知識的能力。

它會持續的經歷「**喚醒，覺察釐清，學習選擇，建造行動，反思精進，內化轉化**」，最後達成自我成長的目標，這也是本書的內容架構。

" 培育新一代領導人：有感新世代 "

在商管暢銷書《組織重建》（Reinventing Organization）裡，作者的研究發現，由於社會和組織面臨「DDCU+3G」和 TEMPLES 的變革，我們到社會或是組織會越來越不可預測，更多元，更不可衡量，需要更多的網狀鏈接和合作，要靠正式和社群來互相效力，在這人力需求的轉型期，全球會有超過九千萬的低階勞動力人口將要被淘汰，但是相對的，有超過四千萬的新的職缺將被創造，大部分這些新的職位是在過去五年內沒有的。

新冒出來的是哪些類別的職缺呢？又需要具備哪些特別的能力才能勝任呢？除了大家所熟悉的大數據和雲端科技人才之外，這家美國顧問公司的調查報告裡特別提出：「需要更多樂

團指揮型領導者：能將不同的專長和意見整合成為一個團隊的人」。

這種人才不是表演者，而是各種不同專長和能力的整合者，樂曲的詮釋者，團隊的激勵者和挑戰者，人才的培育者和支持者；他有足夠的專業來理解並傾聽各樂手在不同樂曲和樂器所需的專業度和所需要的能量力度，為的是演奏出他心目中完美的樂章，他有足夠的權威來釋出在這個場域裡對每一個樂手的需求和期待，他更要有能力來察覺聽眾的感受，提供最高的價值。

在我的書桌上，我擺著一個鑲著木框的英文座右銘，它一直陪伴著我，提醒我一個傑出的領導人需要有的能量，我將它翻譯成中文，它是這樣寫的：

Dear Lord, give me　　我的主，請你給我

The patience to listen,　有耐心來傾聽，

The courage to speak,　有勇氣來表達，

The honor to follow,　有尊榮來追隨，

The wisdom to lead.　　有智慧來領導

　　「耐心，勇氣，尊榮，智慧」和「傾聽，表達，追隨，領導」等關鍵領導力，直到今日，仍還是我自助助人的領導力座右銘。要如何發展這些領導力，就是下幾章我們要談的主題。

RAA 時間：反思，轉化，行動

- 今日你面對最具挑戰性的領導力課題是什麼呢？你會如何面對呢？
- 你還需要學習什麼新的能力呢？
- 你希望達成什麼目標呢？目前做了些什麼努力呢？
- 在你讀完這本書後，再回頭來看這個問題，你是否會有不同的想法和做法？

2 _章

反思釐清：對手偷不走的領導優勢

在一個優秀的管理者面前，我會覺得他很重要，
在一個優秀的領導者面前，我會覺得我很重要。

" 兩支球隊 "

　　有兩支棒球隊預備在即將到來的週末進行決賽，第一支隊伍（我們暫且稱它為 A 隊）是一支鐵血雄兵，教練治軍非常的嚴謹，他將每一個隊員事先做一次嚴格的能力篩選，將最合適的人放在對的位置上，才開始加強訓練，讓每一個人發揮所長，到目前為止的戰績是「戰無不勝」。

　　第二支隊伍（B 隊）的管理方法則不同，外人認為教練是位「儒將」，他挑選的隊員是對棒球真正有熱情的人參加訓練，在戰前他挑選出來的人是「求勝意志最堅強的人」，認為「我們這個團隊一起合作有信心可以勝過 A 隊的人」；打到中場時還是 A 隊領先，但是在最後的延長賽裡，大爆冷門 B 隊勝出，B 隊所展現出來的抗壓力度讓 A 隊和觀眾都口服心服。

　　在組織裡，你是屬於哪一種主管？你帶領的是鐵血雄兵，個個驍勇善戰，還是求勝心強，有足夠的信心和堅毅能力來克服外來壓力和挫折的團隊？一個領導人最大的考驗不是他在順境時如何表現，而是在逆境時他會有什麼行為傾向？我們在上一章有提到外在的環境會影響人的行為，我們這一章就先釐清什麼是管理，什麼是領導？釐清你我自己目前的領導力狀態，由第三章開始再來開展自己的領導風格。

" 亞馬遜的成長優勢：什麼是不變的？ "

在談到亞馬遜（Amazon）的成長策略時，該公司 CEO 傑夫·貝佐斯（Jeff Bezos）曾說：

「我常被問一個問題：在接下來的十年裡，會有什麼樣的變化？……，但我很少被問到：在接下來十年裡，什麼是不變的？我認為第二個問題比第一個問題更加重要，因為你需要將你的戰略建立在不變的事物上。」

雕刻「大衛雕像」的米開朗基羅說：「他本來就在那裡，我只是將他身上的灰塵除去罷了」；由領導力的角度來反思，「人性有哪些是不變的？那些是被隱藏而沒有被發掘出來的？如何領導才更符合人性的需求？」這是本章專注的方向。

" 領導力是核心能力嗎？ "

許多組織喜歡談「核心能力」，管理和領導算嗎？首先我們先來定義什麼是「核心能力？」，我喜歡用北京大學張維迎教授的說法：核心能力就是「買不到，偷不走，學不會」的能力；管理是門科學，它大都可以傳承和學習，可以開班授徒，比如說「ISO、六個標準差、Lean（精實管理）」，但是領導

是門藝術,「學不像也學不會」的獨門武功,縱使學會了也不見得有效,因為它是組織內的 DNA,在生命中長出來的能力,它無法移植,必須要自己一步一腳印的紮根在組織內部長成,領導力沒有最優秀只有最合適。我們就先由「管理和領導 1-2-3」來建立一些基本共識吧。

" 管理和領導 1-2-3"

　　「管理和領導有什麼不同?」這是一個耳熟能詳的主題,大家都能說上兩句,我今天要由「教練」的層面,深度的心理層面來談。管理和領導的目標都是一致的,就是「組織資源,以最有效的方法帶引團隊完成組織給予的使命和目標」。在這個敘述裡,用經營者的角度我們來拆解並分辨其中的奧秘:

- 是短期或是長期的經營目標?
- 是有形資源或是無形資源的回報目標?
- 人力資本的投資和回報率有在經營的指標裡頭嗎?

　　有些企業專注在短期目標,給予 CEO 的經營指標就是「股價」、「營業額」或是「獲利能力」,在不遠的舊世代,

甚至還有用市場佔有率來做指標的；我們來查驗一些卓越企業是如何來激勵他們的最高主管的，這兩個指標是重要的參考：

- 人才資本的經營績效如何？能留得住人才嗎？他們對組織的投入度如何？
- 最高主管離開企業 3-5 年後的組織經營績效如何？組織還能持續發展嗎？

管理者的責任是「組織員工將事情有效的做好」，領導者的責任也相仿，組織員工「吹著口哨」將事情有效的做好，只是差別在於員工的心理態度在「吹口哨」；管理著力在「人性的弱點」，設計許多的典章制度來規範員工，領導則相反，他們努力於發揮「人性的優點」，讓員工在工作在服務客戶時有發自內心的笑容，而不再戴面具；作為員工的人都會有這樣的感受「和管理者對話時，讓你覺得他很重要；和領導者對話時，則讓你覺得自己很重要」。

◆ 「對—錯」與「對—對」的選擇

容許我再深入對管理和領導做一個簡單但是深層的論述，管理是在做「對—錯」的選擇，管理者心中有套明白的規矩，

一把尺，也要求他人「不逾矩」，這是管理者的職責；領導者是在做「對─對」的選擇，針對組織的使命，願景，價值觀，策略，員工的參與，活力，創新…等在不同的情境不同的團隊做最合適的選擇，這是超越「對─錯」的日常運作層級。你在做管理者的工作呢？還是領導者的工作？

有一次和一位高層主管的對話，讓我印象深刻的，他以激動的眼神告訴我說「我已經在這家企業做了接近 20 年，我喜歡在這家企業工作，因為每次老闆和我對話時，他都用欣賞關愛的眼光，聽著我將話說完，並採納我的意見，我覺得我很被尊重，我對組織很有價值。」我睜大眼睛來聽他這段話，會後也急著去認識這位老闆，他是怎麼辦到的？這裡有一個好的領導人。

◆ 動機不同

到底管理者和領導者他們心中的動機有什麼不同呢？管理者的心中只有「達成目標」，這是做事的人，有可能會陷於「目中無人」，領導者則是「帶人一起做事」，我將領導人分成兩類以避免混擾「領導人 1.0」和「領導人 2.0」，前者是我們今天在檯面上看到的「**魅力型領導人**」，也是一般人對於領導人的印象，他們可能會有許多的追隨者；後者則是我們所要追求

的目標「**教練型領導人**」，他們的心志是將這些追隨者發展成為下一代的領導者，這就是本書所要專注的領導力；我用幾個簡單的圖表來闡述這些說法。

管理與領導

管理

- 指導（Directing）
- 要我做，被動承擔責任
- 針對弱點，權力集中，下命令
- 要齊一，標準化，組織裡的螺絲釘
- 恐懼和壓力管理
- 主管萬能
- 目標導向，就事論事
- 標準流程（SOP），效率，短期，細節管理，指標（KPI）
- 盡力而為，執行力，凡事報告
- Go,Go,Go.....

領導

- 引導 (Leading)
- 發展（Developing）
- 我要做，主動承擔責任
- 強化人性優點
- 認建立共識，尊重不同
- 主動參與，貢獻價值
- 協助和支持，夥伴，激勵熱情
- 合力共創：我們都是人才
- 願景、使命、目標、熱情
- 效益，中長期
- 創造客戶價值，使命必達
- 探詢，傾聽，分享，挑戰…
- Let's go

「領導力 1.0」和「領導力 2.0」

領導 1.0（魅力型領導）

- 引導（Leading）
- 個人魅力
- 溝通力
- 影響力
- 激勵
- 權力集中
- 願景，目標
- 領導者的個人品牌

領導 2.0（教練型領導）

- 發展 (Developing)
- 『虛己樹人』的夥伴關係
- 願景，使命，目標
- 信任，賦權
- 參與，貢獻，價值
- 合力共創
- 人才發展提升
- 團隊成員的個人成長

由管理到領導

	往日（管理）	明日（領導）
高層主管	數字管理，目標管理，KPI	願景，策略，方向，言必行
中層主管	取悅老闆，「Yes Man」，做協調	戰略，人才發展， 教練，導師
基層主管	寫報告，報喜不報憂	執行，訓練，帶頭指揮

" 人性的基本需求：SCARF"

有位腦神經科學家也是教練的大衛洛克（David Rock）在他 2008 年發表的一份報告裡提出人性的幾個基本需求，他用 SCARF 來代表：

- Status（組織內的狀態）：我是誰？我的角色和責任是什麼？我在組織裡安全感嗎？
- Certainty（確定性）：我歸屬於這個組織嗎？我有價值嗎？有被接納嗎？
- Autonomy（自主性）：我能自主選擇嗎？我在這個組織裡有發展性嗎？
- Relatedness（相關性）：這是我要的舞台嗎？我有精進成長（Mastery）嗎？

- Fairness（公平合理）：這是一個公平合理的環境嗎？我的努力付出會得到合理的報酬嗎？我繼續在這裡工作對我有意義嗎？（Significance）

另外一份研究也是相仿，它指出員工們（特別是年輕員工）的心理需求是什麼？

- 自主空間（autonomy）
- 有成長（mastery）
- 有意義（significance）
- 被接納，被尊重，有價值（accepted, respected, valued）

這都是人性的本質，也是每一個人在潛意識裡都會面對的課題，否則自己就得不著平安喜樂，離開幸福感越來越遠。

"自我領導"

人會逃避外在的威脅或是懲罰，相對的會被獎酬所吸引；人的本能可能多會想到要預防或是逃避可能的威脅或者是懲罰，

這多是無意識的行為，為的是保護自己，相對的，如何激勵自己面向可能的機會，就需要多些的有意識的努力，才能達成。

如何喚醒自己，覺察自己的機會和它所帶來的可能獎酬，並下定決心，採取行動，這需要做有意識的努力。（如下圖）

其次是要有「**安靜的力量**」，在安靜中讓思想飛翔，在無意識裡我們會湧流出一些新的點子來面對自己心中所關心的問題，這些新點子會迅速的喚醒自己的認知，將自己心中所知的做連結，並且重新做整理，而後會有「開竅」的「成就感」，這就是所謂的「洞察力（Insight）」；經由「洞察力」思考後的行為，會讓我們更有熱情的擁抱它，積極的來讓改變發生。

一個組織裡領導人最主要的責任就是創建一個「**正向的氛圍**」，讓團隊成員願意付代價，追尋獎勵，而不是靠威脅或懲罰驅動他們。另一個責任是建造一個「**安全沉著**」的氛圍，讓心思飛翔，使「洞察力」能完全展現，這也是創新力量的起源。

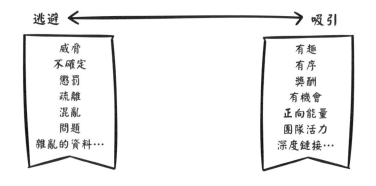

" 彌賽亞情節 "

許多領導人的自我成就感來自於「彌賽亞情節」，這有兩個層次：

1. 自認為組織裡沒有我不行，「我就是為此而生，我是組織的救星」：我常會建議有這種強烈使命感的領導人冒個風險休個長假，先兩週再來是一個月，放下手機和電腦，往往回來後發覺組織並沒有因為自己沒有參與變得更不好（而且有可能會更好）；這是一個實驗和挑戰，「將自己變得不重要」後，才有機會「將員工變得重要」，這是「2.0 領導人」的基礎。

2. 別人的事優先：過度的熱心，自己沒有優先次序，陷入過度「僕人式領導」的負面困境：員工的一個分享訊息被主管認為是「邀請他參與和幫忙的請求」，馬上陷入「沒有他不行」的情節，即刻將別人的事當成自己的事來辦，開始下指導棋，而忽略了自己現在有滿手的待辦事項。

最明顯的案例是「當員工或是同事給你的電子郵件是附件時，你會怎麼反應？」，附件表示給你參考並不需要行動，許多主管會有反應，甚至於開始下「指導棋」，就是這個心態；

對於這種主管，我會問他：「在當下，哪些事對你重要？」，「哪些事你必須親力而為」，「哪些事別人可以代勞？」有時你只要做個支持者或是啦啦隊長就對了。

" 領導人的幾個關鍵人格特質

相對於彌賽亞型主管，我們來分享一下領導人需要具備哪些關鍵的人格特質呢？

1. 勇氣（Courage）：勇氣是「為所當為」的能力，在對的時間做對的事；領導者最重要的責任之一就是領導改變，在面對改變時，我們都會擔憂懼怕（FEAR），有人面對 FEAR 時，有些人會 不管三七二十一，拔腿就跑（Forget Everything And Run），但是真正的領導者是能勇敢面對，奮勇再起（Face Everything And Rise up）。 一個資深的船長告訴一群年輕的水手說「當巨浪來襲，唯一生存的機會是面對它，畏懼逃避，船必傾覆」，同樣的，作為一個主管，敢於表達自己的想法，敢於面對不同（Confrontation），公開認同並尊重雙方所不同的觀點（Agree to disagreement），敢

於提出挑戰（Challenge），邁向更高的目標，這是組織裡珍貴的典範。

2. **謙卑（Humility）**：謙卑是敢於放下權力和權利，由寶座下來，和員工一起來面對挑戰共創未來，不是 Go-Go-Go 的主管，而是「Let＇s go」的領導人。

3. **紀律（Disciplined）**：敢於說真話，而且說話算話能做得到（Walk the talk），主管的每一個訊息對員工都是命令，除非能事先做釐清，員工也站在舞台下在觀察主管的行為，特別是「關鍵性的決策」，如有任何在「說到做不到」的衝突，員工小則停止前進，大則失掉對主管的信任。

4. **敢於展示脆弱（Vulnerability）**：願意走出「主管不是萬能」和「抱歉，我搞砸了」的沒面子禁區，而勇於尋求外部的協助，這是領導力成功的一大步，但是許多的人卻是跨不過這個門檻，這也是改變最大的攔阻。

5. **意義（Significance）**：依據一份最新的調查，員工對自己「生命意義」的追尋，它的重要性會遠遠超越「員工滿意度」的價值，員工的投入度（Employee Engagement）成為組織領導人對團隊建設的重要指標。

6. 自信（Pride）：這是我們的團隊，主管和團隊成員能
   以團隊為榮。
7. 信任：要能贏得團隊成員的尊重和信任，它是團隊凝聚
   力所需要的粘膠。

◆ 自我領導力測試

　　一個人是否合適成為領導人，這五個問題是「防磚門檻」，
這也是一本領導力暢銷書《領導力試煉》（The Leadership
Test）的主軸，該書指出了：

　　1. 你知道你的使命責任和願景嗎？你知道做什麼，不做什
麼嗎？

　　2. 你能堅毅的堅守自己的理念和操守嗎？

　　你能熬煉過 4G（Glory, Gold, Grip, Girl ／名利權色）
的試探和試煉，做個正直紀律和謙卑的人嗎？

　　3. 作為一個組織領導人，你願意多走一里路嗎？

　　不只是達成組織績效，並願意投資在中長期的人才發展。

　　4. 你願意在困境的時候，承擔起組織改變的責任嗎？

　　面對績效不彰的困境或是士氣低落時，你承擔並承認「這
是我的責任嗎？」

5. 你願意開放分享你的舞台，讓新人能出頭嗎？

「虛己，樹人」是「領導力 2.0」的關鍵價值，你願意建設並開放舞台，只做個支持者，激勵者而不全做個主導者嗎？

6. 在交棒的時刻，你願意放下你的權力和權利，給接班人更寬廣的揮灑空間嗎？

領導人會掌握有許多的資源，包含權力權利和人脈，你願意放下來嗎？

◆ 致命的領導力殺手

在開始分享管理和領導之前，我們先來感受一下這些大家耳熟能詳「致命的團隊領導力殺手」：

1. **隨緣型：**沒有具體的願景，價值觀和目標，上頭怎麼說他怎麼附和；大好人一個，部屬是民不聊生。

2. **偏執型：**「我說了算」的主管，也是「英明老闆」的另一種表徵，「計劃趕不上變化，變化趕不上老闆的一句話」的工作氛圍。

3. **高壓強制型：**「拿結果來見」的主管，員工和組織主管的關係是一種對價關係，沒有其他的原因了，恐嚇和壓力是他們最擅長的手段。

4. **控制慾型**：處處要彰顯他們的價值，凡事要贏，將員工當做小孩來帶，重視細節，凡事報告，處處檢討，結果是員工好累，主管更累。

5. **完美主義型**：不會輕易放過任何的失誤，追根究底，鉅細靡遺，為的是達成那 0.1％ 的進步，大家卻是花了超過 30％的努力，工作熱情跌了 50％。

6. **無所不知型**：在開會時，不論是什麼主題他都有意見和看法，做事前，員工會先尋求指示才不會做虛工，員工自己沒有空間展現自我的想法和能力。

7. **凡事公平型**：組織有績效必須表揚時，他先考慮的是公平，不願意有人受傷，最後是「統統有獎」，一團和氣，下次就沒有人願意賣力了。

8. **不安全感型**：他會私藏一些重要資訊，不願意凡事分享，有保留，讓人對他有依賴。

9. **自戀型**：自我感覺良好，凡事以「自我」為中心，不溝通也聽不進去他人的建議。

10. **沒有肩膀型**：上級的責備非常透明的傳達給每一位員工，有褒獎時卻是「謙卑的自己領受了」，好搶員工的功勞。

◆ 領導人的迷思

領導力教練前輩葛史密斯（Marshall Goldsmith）做過一次的調查，了解領導人最容易誤入的迷思是什麼？這個報告在華人企業內部還是鏗鏘有力，這是他的見解：

- 凡事都想贏的心態：主管凡事都有定見，聽不進去不同的意見，努力為自己的立場辯護，用「說服，影響力，最後就是使用權力」來溝通。它的底層是面子和安全感問題。

- 凡事想加值（Add-on value），否則認為自己失職：最常用的字眼是"你說的不錯，不過呢…，我還有一點補充意見…, 或是 Yes but"，結果是加值 5%，員工士氣降低 50%， 這是年輕人離開企業的主要原因，因為沒有人重視我的看法。

- 貼標籤：「他總是…，他不行…」是他們的口頭禪，總認為自己是識人高手，員工一被貼上標籤在組織裡就永不得翻身。

- 不尊重員工：在外人面前，公開責罵員工；在員工面前，責罵主管；太情緒化。

- 完美主義者：吝於讚美，喜歡在雞蛋裡挑骨頭，無論員

工多麼努力，他認為總是有改善的空間，而看不見員工的優點，給予適時的讚美。

- 太細節管理：失掉大局擘畫的機會；往下一層做事，看不到全局。

- 好搶員工的功勞：一將功成萬骨枯型的主管；好主管的典範是責任一肩扛，功勞大家享，但是這類主管剛好相反；在他的用語裡只有我，沒有我們。

- 無法控制自己的情緒：話很多但是沒有重點，更無法傾聽他人說話，無法容忍不同的聲音，甚至於懲罰信差；更沒有說謝謝的雅量。

在《10種摧毀你公司的領導特質》（10 Leadership Traits That Will Kill Your Company）這本書裡，作者則用反面的陳述來整理出十個關鍵的領導特質：

- 缺乏願景（lack of vision），
- 缺乏溝通能力（failure to communicate），
- 恐嚇（intimidation），
- 控制狂（micromanagement），
- 零容忍政策（no tolerance policy），

- 無所不知（being a know-it-all），
- 只給予實質的獎勵（offering incentives），
- 「私藏」關鍵的資訊不願分享（withholding helpful information），
- 搶部屬的功勞（taking credit for others' work），
- 只做數字式管理（management by KPI alone）。

以上這些字眼我們都是耳熟能詳，而你是這種領導人嗎？這段文字，對你是否有些提醒？

" 領導者不等於常勝將軍 "

在本章結束前，我再分享一段網路上流傳的故事，針對「做個領導人，凡事都必要贏嗎？」深思一番：

據說，左宗棠很喜歡下圍棋，而且，還是箇中高手，其僚屬皆非其對手。

有一次，左宗棠微服出巡，看見有一茅舍，橫樑上掛著匾額「天下第一棋手」，左宗棠不服，入內與茅舍主人連弈三盤。

主人三盤皆輸，左宗棠笑道：「你可以將此匾額卸下了！」隨後，左宗棠自信滿滿，興高采烈的走了。

過沒多久，左宗棠班師回朝，又路過此處，左宗棠又好奇的找到這間茅舍，

赫然仍見「天下第一棋手」之匾額仍未拆下，左宗棠又入內，與主人再下了三盤。這次，左宗棠三盤皆輸。左宗棠大感訝異，問茅舍主人何故？

主人答：「上回您有任務在身，要率兵打仗，我不能挫您的銳氣，現今您已得勝歸來，我當然全力以赴，當仁不讓啦」。

RAA 時間 ：反思，轉化，行動

- 針對領導者的幾個迷思和彌賽亞情節，你個人的感動是什麼？
- 領導人的關鍵人格特質，你需要再強化嗎？
- 哪些地方需要重建，哪些可以再強化？

這是真正的高手，能勝而不一定要勝，有謙讓別人的胸襟；能贏而不一定要贏，有善解人意的意願，生活又何嘗不是如此呢？左宗棠的故事給我許多的啟發。

" 領導力的挑戰 "

在《領導力的挑戰》（the challenge of leadership）」這本書裡，作者做了一次的調查，理出哪些領導力元素對先進的組織最為重要，他們列出了七個參考元素：心胸寬廣（Broad-mind），有專業能力（Competence），公平公正（Fair-mind），前瞻性（Forward-looking），誠信（Integrity），激勵（Inspiring），智慧（Intelligence）；最後選出來的前四個特質是：

- 誠信
- 前瞻能力
- 專業能力
- 激勵
- 心胸寬廣

「誠信」是最具體也是大家都能認同的特質，有 88％ 的人將它排在第一位；再其次是「前瞻能力」，能建設並分享願景，好似我們期待員工完成一幅拼圖，只給他們幾百個小模塊，如果沒有讓他們看到完成後的圖像，他們所有的努力都會是白費，給予完成後的圖像，這就是組織的「願景」；一個好的領導人，有機會發揮高度的員工潛能，在「領導力的挑戰」這本書裡的數據是 95％，相對的，領導力差的主管，員工發展潛力的意願降低到 31％ 甚至更低。

另一家國際顧問公司（CIPD）在 2014 年針對幾個關鍵領導力元素做了一次的調查：「如果你只能選一個最大的領導力挑戰，你會選那一個呢？（單選題）」這些素質包含：努力工作成為部屬的典範，為部屬的導師，幫部屬解決問題，建立好的關係，敢於提出挑戰和面對衝突………等，那時調查的結果和我個人所想的有點不同：

- 敢於給部屬挑戰，面對衝突，39％
- 為部屬的導師，25％
- 成為部屬學習的典範，17％
- 幫助部屬解決問題，12％
- 建立關係，7％

　　你認同這個結論嗎？你個人針對這個結果的解讀是什麼呢？作為一個領導人，你自己會有什麼行動呢？

　　我們看到許多的教練型主管已經走到「傾聽，探詢，對話」的層級了，也慢慢和部屬建立起信任的關係，也已經成為他們的導師，上面這個訊息告訴我們的是，這還不夠，我們必須再多走一里路，「要敢於面對衝突，敢於對部屬提出挑戰」，這才是「教練型領導人」的特質，我們不再只是滿足於將事情做好，而且是要超越期望，不只是盡力而為，而且是使命必達。

　　在開展教練型領導力之前，還有一個關鍵能力需要特別的強化，這就是「主人翁（ownership）的心態」，思考像主人，意願和行動就是主人，具有「這是我的事，這是我的責任，這事的成敗我負有責任」的心態，更進一步，也願意幫助他人成功的心態，由「要我做」到「我要做」的心態。

　　如何開展才能建立這些能力呢？我來列舉出四個目前大家所面對的挑戰，這就是現成的舞台，讓我們在「知道」後能挑戰自己要能「做到」，這是磨練筋骨的機會，這也是我寫本書的宗旨和目的。

◆ 領導力的挑戰 1：員工投入度

今天企業還是普遍的在使用「員工滿意度（Employee satisfaction）」調查作為內部經營氛圍的標杆，但是新世代的企業已經轉型到以「員工投入度」作為經營的指標；員工滿意度的重點是在「獲取利益」，特別是公司的福利政策，有些好的企業會進階到員工的學習發展，但是在系統的設計心態上還是以員工個人的「獲取利益」為衡量指標；相對的，「員工的投入度」的重點在於「參與，貢獻，付出，價值」，這是新世代的領導力指標，企業有否創造足夠的機會讓員工參與，貢獻，這是自我成就動機的基礎。

今日企業高階主管對「人才資本」的投資多是專注在「高潛力人才」的培育，還是站在企業經營短期的績效著眼，MBA 所教導和學習的，還是經營指標裡的幾個大項，他們是企業醫生，利用不同的專業工具來診斷和發展企業，「六個西格瑪，組織再

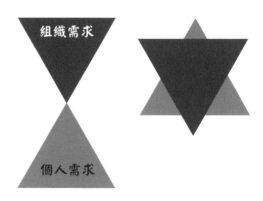

員工的投入度
Employee Engagement

組織需求

個人需求

造，精益管理…等等」就是如此產生，很少有企業的 CEO 會專注在中長期的組織發展課題，特別是在「文化轉型，員工優勢發展（employee strengths based development），員工投入（employee engagement）…」等課題的投資。

Engagement 的意思是「鏈接」，在組織裡，我們轉接到「情感的鏈接（Emotional Engagement）」，這是一種的投入，付出和承諾。

我在本系列第一本書《我們憑什麼信任》裡曾提及「深度信任」，情感的鏈接是它必要的基石，當員工認知到組織或是主管關心到他個人內在的需求時，他會受到感動，這是一個深度鏈接的契機。

這是員工心裡一段常見的話：「我不關心你有多麼能幹，除非我知道你有多麼關心我的需要。」身為一個領導人，你會如何關心員工的需要呢？

我們曾說明「領導力 1.0」的領導人的領導力主要來自領導人的個人魅力，帶引著團隊邁向目標，他只唱一首歌，那就是組織願景目標和指標，唯一的目的就是達成目標。「領導力 2.0」的領導人則不同，**他們會關心員工的個人需求，**有些企業甚至於公開將它寫在組織文化裡「員工優先，顧客其次」，　當

員工認知組織或是主管在關心他們個人的需要時，他們的心會被打開，會被感動，好似收音機的調頻一樣，調對頻道時，就能互通訊息，對人和

員工的承諾度
The Leadership Factor

source: *The challenge of leadership*

人間的關係來說，那就是「感動」，「喚醒生命，感動生命，成就生命」，這都是「領導力 2.0」最重要也是最特殊和關鍵的元素。

另外還有一家企業做過有關這個主題的領導力調研報告，它用兩個指標來分析：組織價值的清晰度和個人價值的清晰度，調查的結果是「當個人的價值越清晰，他對組織的投入度就越高（6.26 /6.12），甚至高於組織價值清晰，但是個人價值不清晰的人（4.9）」，這份的調查報告對組織領導人是個警訊也是一個機會，警訊在於還有許多的企業還是單只溝通組織願景和目標，但是沒有關心員工的個體需求，在追求組織績效時，還是會有力不從心；機會在於如何在「關心員工價值」上著力，好似一個管弦樂團，在演奏以先，需要每一個樂器先調音再合奏，理解每一個員工的內在需求成為今日「領導力 2.0」的主

題，也唯有如此，才能建立信任、領導力，改變才能發生。

◆ 測試：員工的角度

　　對於員工個人，他們心中最急迫的需求是「安全，被尊重接納，有意義，有發展機會」，用腦神經科學的語言就是我們剛提過的 SCARF。讓我們由員工的角度來做另一個測試：

- 我（員工）認為在我們的組織內有價值。
- 我的主管非常激勵我，幫助我把事情做到最好。
- 我的主管非常真誠和我溝通，並認真傾聽我的看法。
- 我的主管很清楚的告訴我們團隊的目標和期望。
- 我的主管常常花時間和我交談，並感謝我的努力，我信任我的主管。
- 我的主管對落後者提供必要的協助。
- 我的主管對員工的問題和困惑非常關注並及時回覆。
- 我知道我的主管在為我做的事感謝時，他是真誠的。
- 我同意主管對我的績效回饋，並願意積極改善，我知道這對我個人的發展成長有好處。
- 我知道在這家企業，我有公平的機會成長發展並獲得提升。

- 我知道我被授權處理我負責的業務內容，我也知道我的主管會隨時提供必要的協助。
- 我常用新的方法來嘗試一些創新的想法。
- 我信任團隊夥伴會給我必要支持和協助，幫助我成功。
- 我在心理上和身體上感覺到在這個團隊裡安全舒適。
- 我非常認同組織的使命，願景和價值觀。
- 當我犯錯時，我很有尊嚴的被糾正，因為他們是衷心願意協助我。

◆ 在天安門廣場建功立業

　　員工的成就感來自於「有意義的工作（Significance），引以為榮（Pride）的工作和參與有歸屬感（Belonging）的工作團隊」；在 1994 年我第一次參觀北京的天安門廣場，我看到一個標語「在天安門廣場建功立業」，他們正在修建那裡的地下鐵路，這是給那時地下賣命的工人們看的；如今再回頭看這個標語，如果我有「榮幸」是那時參與的鐵路工人，我會覺得這是一份非常「神聖和有意義」的工作，有一天，我會帶我的孩子孫子們來這裡參觀，並告訴他們「這裡，我有一份」。

　　傑出的組織需要有好的願景，之後還是需要 3P 來支撐，它們是「People, Product, Process（人才，產品， 流程）」；

不只要有對的人才，產品和流程是組織裡的舞台，要讓這些人才能甘心樂意的完全投入。

我們來查驗員工在不同的投入狀態下，他們的心態如何？這在在的會影響團隊和組織的績效，這是為什麼新世代的組織如此重視「員工投入度」這個指標，實時有專業領域的人才來開展環境，強化員工主動的投入在組織的活動中。

我曾協助過一個高階主管，他是個非常專業的計劃部門主管，是個不折不扣的「專業經理人」，有好的績效，但是他的部屬和老闆都不是特別欣賞他，原因？他「就事論事」，英文就是「Doing my job」，心態上是「被動式的投入」，感受不

員工投入的狀態

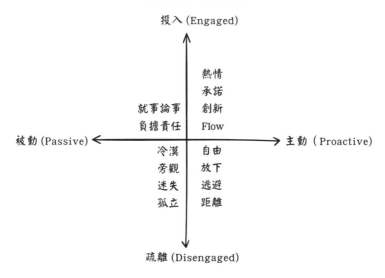

到他的激情和積極度,這是一個心態的轉換問題,這是教練的專業。

◆ 領導力的挑戰 2: 我最急需發展的領導力是什麼?

　　最近有許多的領導力發展顧問公司發表了市場調查,關於「什麼是你公司最急需的領導能力?」在我們統合了幾個關鍵的領導力元素:

　　「組織紀律,責任心,執行力,人才發展機制,人才發展能力,溝通,對話力,改變,改變過程中的堅毅能力,Y/Z 世

代領導力,多元領導,面對衝突,敢於挑戰,願景開創,謙卑,真誠領導,如何贏得信任,僕人領導……等」。

　　如果我們再把它們設計成如下頁 ABCD 四個象限,你會將它們放進那個框框呢?

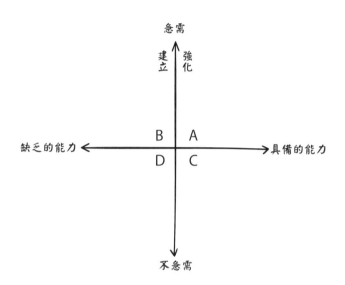

- A 是「具備的能力，但這是關鍵能力，必須趕快再強化」
- B 是「不具備的能力，必須趕快建立」，
- C 是「具備的能力，但是保持水準就可以啦」，
- D 是「不具備的能力，但不是關鍵，暫時可以不要操心」。

對於一個教練，對於 A 欄位的主題群組的挑戰是如何追求「由優秀到卓越，A 到 A+」，在 B 欄位的群組的挑戰則是「讓改變發生，由 B 到 A，再到 A+ 之路」

你願意暫停下來，將自己公司目前的領導力狀態的一些關鍵指標，填進來合適的欄位裡，這個名單可能每一家企業都不一樣，依據各家的狀態而不同，再接下來，我們才來思考「如何面對挑戰，勇於提升？」

我先拿日本「Coach A」公司在 2015 年年中出爐的報告來做展示的樣品，他們針對亞洲區 109 家企業，650 位經理做調查，結果是：

A：改變過程中的堅毅能力

B：人才發展的動機，機制和能力，敢於挑戰，面對衝突，對話力

C：紀律，責任心，願景開創，

D：沒有列舉。

在我個人從事教練的經驗裡，「領導人的謙卑和真誠領導，如何贏得信任，勇於啟動改變，Y 世代領導」等也都是熱門的主題。總結起來現今領導力最大的挑戰是：

- 由領導技能的「外在行為」提升，轉進到領導者「內在品格和領導動機」的提升；

- 「信任和改變」是關鍵詞，「衝突，挑戰，多元，堅毅，謙卑⋯」是必備的新領導能力。
- 由「做事」的效率到做人的「效益」。
- 由統一的「認同」到接納多元的「不同」，
- 由上對下的「我」到夥伴關係的「我們」。

◆ 領導力的挑戰 3：Y/Z 世代領導力

當我們提到 Y/Z 世代領導時，我們不是說年紀，而是這世代的思維和生活模式，因為在第一章裡提到的 動態，多元，複雜，不確定的環境（DDCU+3G）和科技，經濟，消費者市場，政治，法律，環保，社會文化（TEMPLES）等外圍氛圍的變化，人們，特別是年輕人，對於自己和他人或是組織有不同的看法和堅持；這世代所堅持的一些隱性價值是以前沒有經歷過的，比如：

- 自主性（Autonomy）
- 成長性（Mastery）
- 有意義（Significance）
- 受尊重和接納 （Respected and accepted）

這世代的人在行為面有什麼特質呢？這方面的研究報告和文章非常的多，我們在第一章也有提及，這是我做的一些總結：

- 需要有一個活潑好玩和活力四射的工作環境和團隊，
- 需要有好的工作夥伴，願意團隊合作，
- 需要參與，就好似在 4D 電影的「參與體驗」，2D/3D 的觀賞已不再新鮮，
- 自己的意見能被聽到也能被尊重，
- 需要也敢於接受挑戰，要能學習成長，需要自由度，
- 反抗威權，但是在關鍵時刻也能接受長者的指點，但不要老是被指指點點，
- 擁有新的金飯碗：是自己擁有的專業能力，而不再是對企業的忠誠，
- TMI（too much information）：太多的資訊，人人都是低頭族。
- 圖像社會：沒有圖像的訊息不會吸引別人的眼球，包含社會運動，台灣的太陽花，香港的雨傘抗爭都是 Z 世代的產物。

◆ 6I 的心領導力

很明顯的，我們所介紹的管理或是「魅力型領導」不再適合

這個世代，取而代之的是「教練型領導」，6I 的「心領導力」是一帖良藥：

- Insight & Initiate 遠見，啟動
- Invite 開放邀請
- Involve 參與計劃討論，提供意見
- Inquire 探詢對話和挑戰
- Inspire 激勵和獎勵
- Informed 分享給沒有機會參與的人

我們也預見未來的組織不再是金字塔型，上到下的組織，而是專案型的變形蟲組織，組織不再談「大者為王」或是「經濟規模」，而是談「創新價值」和「客戶價值」。

◆ 案例：80/20 玩沙場

這是許多人都能耳熟能詳的標題，但是許多企業最後變成組織的口號而沒有落實，開始是 80-20，慢慢的變成 100-20，最後就被打回原形 100-0，因為管理文化，用 KPI 和 ROI（投資報酬率）來管控，以下是一個我自己經歷過的成功案例，它來自傳統產業，如今還不斷有創新的元素在組織內發生。

　　這是一個國際級品牌企業，內部建有一個全球性的 IT 平台，目的是提供訊息分享和技術救援，當員工面對困難，但是認為組織有高人可以幫助，又不知道他是誰時，這平台就是一個利器，它只提供給企業全球內部的員工，平台也一直運作。直到有一天，企業新來的 CLO（學習長）看到這些內容後，大吃一驚，裡頭有太多的寶貝，不只是資訊，更是活力和分享的熱情，他就邀集了組織內幾個 CXO（同級的高管）一起討論「如何將這個平台設計轉化成組織的創新平台？」

　　首先他們定位這是一個「學習，分享，求救，新點子」的家，新點子的定義是和組織現在已經或是未來有直接或是間接的關聯，讓這些資訊不斷的沉澱積累，CXO 再定期看看哪些主題的熱度特別的高，這些主題和組織發展有關聯？他們也會定期丟些新方向新挑戰或是新機會，讓員工參與討論，學習和擴散，這是第一階段。

　　在進入第二階段時，一年兩次，CXO 和員工們開始各自票選前十大熱門主題，各自找他們的團隊成員再深入討論，提出一個建議案，公開 CXO ／ 事業單位總經理匯報，他們會決定給予最有價值的「新點子」獎金或是基金，員工可以選擇內部創業將它實現或是轉讓給企業執行，組織會有分紅的機制。

　　基於這個機制，他們不斷的有新產品，新商業模式，新點

子……等，這是在組織架構外部的小團隊，成員來自不同單位，但是也都是在大組織內部。這類小團隊的活力十足，炮火全開，這組織內的「局外人」給組織注入了活力，對於 Y/Z 世代的領導，它更具有特別的意義，它兼顧了「教練式領導力」裡的許多關鍵元素：自主，學習，意義，投入，參與，貢獻，價值，平台……等，當然，高階領導人團隊的支持和組織文化的變革都是成功的基石。

這家公司最後更進一步建立一個對外部開放的合作創新平台，隨時提出挑戰主題，讓外部的高手參與，這是他們建立品牌，和顧客合力共創的雙贏策略。

◆ 領導力的挑戰 4: 面對國際化的思維和衝擊

不管你的中小企業還是國際化企業，也不管你是 B2B 企業還是 B2C 品牌企業，企業必須面對國際化的挑戰，領導人和全體員工都必須嚴肅的面對轉型；國際化領導人需要具備的前五大能力是什麼呢？這是教練前輩葛史密斯在 2015 年的一份研究報告：

1. **國際化的思維（Think globally）**：國際化的產品設計，國際化的策略，國際化的經營能力，國際化的競爭

力…等，因著科技和產業價值鏈，將我們和全球鏈接在一起，誰也無法單獨分別出來。

2. **珍惜和接納多元（Appreciate diversity）文化**：在組織內要建立認同和接納不同，才能發揮整體優勢。

3. **建立夥伴關係（Build partnership）**：主管們和員工的關係不再是上對下的命令式或是指揮指導式，而是夥伴關係。

4. **分享權力舞台（Sharing leadership）**：組織的扁平，混合交叉編組和外包，組織內有各樣不同的專案不同的領導者，一個人可能參與不同的專案，扮演不同的角色承擔不同的責任。

5. **跟上技術的腳步（Develop technology Savvy）**：如何使用最新的技術讓組織的運作更有效，在不同的區域社會，可能會有不同的工具解決不同的問題。

◆ 國際化：一個「第二代創業者」

我有一個傳統產業的客戶，在創業前40年，老闆和員工們的合作好似一家人，和樂相處，老闆習慣指示和高壓，他個人的個性也非常的剛烈，聽不進他人的建議，在過去證明這是有效的管理模式；直到有一天第二代學成歸國接班了，更加速市

場成長，由傳統的客戶走入到國際化大企業，大量年輕員工進入公司，新總經理知道老一套的管理方式不再管用，開始教練的企業轉型之旅，邀請教練主導這轉型專案，重新定義組織文化，管理和領導模式，多傾聽，探詢員工和客戶的意見再做決策，邀請關鍵員工參與組織的重要決策，經過一年多的轉變，這家企業好似脫胎換骨，煥然一新，業績高度成長，這些第二代的接班人說「我們不是創業者的第二代，我們是第二代的創業者」。

" 「自我覺察」領導力 "

本章有許多各方對領導力的研究。但最後，讓我提出一些歸納，回顧你個人是否已有這些「偷不走」的領導力優勢：

- 你的團隊成員理解團隊的使命願景和目標嗎？
- 你會有彌賽亞情節嗎？
- 對於領導人的七個關鍵人格特質，那些是需要再強化的？
- 員工會主動來找你談他個人的事情嗎？他們會主動尋求你的協助嗎？

- 團隊成員的工作心態是「要我做」還是「我要做」呢？
- 你有感受到 80/90 後的員工思考和行為的不同嗎？你如何學習改變自己？
- 你會主動去關心員工嗎？
- 你的員工敢於公開表示他們個人不同的看法嗎？你的態度會是什麼？
- 在聽員工說話時，你能耐心傾聽完，不會打斷嗎？
- 要表達不同意見時，你會先了解對方的情境和動機嗎？你會先徵求對方的同意嗎？
- 你能說到做到嗎？
- 你能接受他人對你的批評嗎？態度又如何？
- 你曾為錯誤的決策而向員工道歉嗎？
- 你敢於挑戰員工的想法嗎？
- 當員工表現優異，你會及時給予讚賞嗎？

RAA 時間 ：反思，轉化，行動

針對團隊領導力的四個挑戰：

- 員工投入度
- 急需發展的領導力
- Y/Z 世代領導力
- 面對國際化的衝擊

── 我的團隊經營得如何？我該做什麼？不做什麼？

3 _章

換軌轉化：教練式領導力

許多人都有改變世界的豪情壯志，但是卻少有人知道改變世界的第一步是要由改變自己開始

" 案例：生命教練，全人教練 "

我剛學習教練那個階段，常常告訴人「企業教練不是體育教練」，直到我認識這位高階主管王協理，他要他的屬下稱呼他為「教練」而不是職稱，我問他「你是怎麼做教練」的，他說「我對年輕同事偶爾會下指導棋，給他們教導；慢慢的，對有經驗的同事，我只問話，傾聽，更給予挑戰；在不同的場域，不同的人，不同的事，我使用不同的方式」。

我感受到他給人的溫暖，是有「人性和人味」的領導力，他團隊活力（火力）十足，績效傑出，他也讓我再次確認了教練式領導力的價值。

我再請教他是如何做到的？由一個前線作戰的指揮官轉身成為一個教練？他輕鬆的在紙上簡單的畫了如右頁一張圖表，接下來我們有一場非常精彩的對話：

「王協理，我對你的「教練式領導模式」非常有興趣，請問你是如何轉型的？」

「這是一個機緣，我曾是公司裡的一員猛將，在前線衝鋒陷陣，在公司待了近 17 年了，我拿下無數的冠軍獎杯，那是早期的「單兵作戰」時期，但是慢慢成為主管之後，我知道

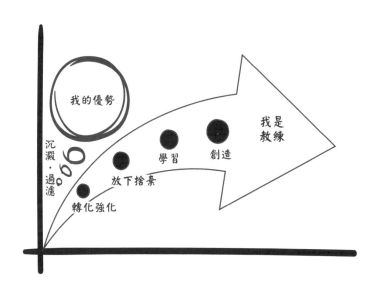

我的屬下不是我，我曾試過「管理」的那一套，要他們寫計劃填報表，最後是人仰馬翻，自己覺得好累哦，有時還自問「這是我要的嗎？」有一次在外部的朋友聚會場合，有人提到「教練」，我想到球場上的教練，也許我可以學學球場「教練們」是如何領軍戰鬥的。我刻意到教練協會的聚會上去認識什麼是「教練」，發覺這不是球場的教練，但是我卻被這個領導力迷住了，這才是我想要的領導模式，這就開始了我的教練旅程。

學習什麼是教練領導力是第一步，我開始了自我反思，我有哪些優勢和強項，經過沉澱和過濾後，哪些可以在教練式領

導可以繼續使用，而且它還是有價值的？我並沒有完全放棄掉我的專業和優勢，哪些我必須放下或是捨棄的？哪些必須新學習？哪些要靠自己新創造？讓自己重新長出來，我知道只靠知識還是長不出肌肉來，必須要鍛鍊，將所學習的，轉化內化，我還沒有到位，還在不斷的學習中，這就是我自己的教練旅程。」

「非常的深刻，那你在外在的領導行為裡，有什麼不同嗎？」

「我是個老粗，沒有什麼高深的學問，我來用另一張圖表來解說可能更容易說清楚」他畫了另一張圖，詳細描述「前後左右」的領導。

「我看懂了，這是他所謂的：在不同的人，不同的情境，不同的專案，使用不同的領導模式，對嗎？」

王協理含笑的點點頭，原來他所謂的「教練式領導力」也可以這麼簡單做。這讓我想到在組織內人人都是人才的「全人教練」和「生命教練」，也使我想到「N型領導力模型」，這是我們待會兒要進入的「前後左右」領導的領

域；我再嘗試給他一個挑戰「我能將你的圖像做一個簡單的修改，再延伸它的範圍嗎？」「教練請說」，我將他的「左，右」改成「旁，場」，「旁涵蓋左右，但是對於場域的概念，你理解有多少呢？」，他搖了搖頭，「場就是所處的環境，可以是影響力，也是

學習的場域，它可以在組織的權力影響範圍內，也可以遠遠超出權力的領域」，他聽了猛點頭，「原來領導力還可以這麼偉大，我也將我所認識的「影響力」價值連結起來了」。

教練再追問「哪個部分最難呢？」他猶豫了一下，教練看出他的掙扎，最後教練開口了「是自我領導」，他點頭如搗蒜。

" 案例：換軌 "

有一個非常成功的企業高階主管 A 君，過去十幾年都是做大老闆的左右手，做事牢靠紮實，最近有機會被提升為部門總經理，我被邀請為他個人教練，希望幫助他由後台走向前台，

教練的主題很容易確定，就是「成為一個好的領導人」，由支持者的角色轉變為領導者，我著手的第一步是 360 度的訪談，理解他未來的團隊成員對他目前領導力的認知，並且找出指標或是著力點來協助他成長為「好的領導人」，這個使命看似簡單，但是做起來並不容易，這是一部分的訪談報告：

1. **目前的狀況：**他很客氣，禮貌，專業，也很忙，我們間的對話還是無法直接說到痛處，只是禮貌性的點到為止；他少了些基層的歷練和鏈接，需要慧根，會跟；底層的員工和他還是有心理的距離，有些人會怕他。

2. **優點：**在他的職掌部分，他能充分授權，有細節規劃和支持，掌握適度，對事細心，敏感，觀察力，頭腦清楚，專業的溝通很順利。

3. **期待：**他能更熱情，積極，有溫度，更多的傾聽，有更多非正式的關係建立，對人的同理心，大方向的溝通和釐清。態度能更溫暖，要有心想幫助前線團隊，而不是就是論事或是只是代表老闆來檢查我們的進度；要敢於提出對部門行業的格局願景和看法，不要只停留在短期績效目標，要能有現任總經理的敢於冒險，多溝通的能力和精神。

　　當然還有其他更深入和敏感的內容我不便在此一一陳述；
當我和 A 君以及他的老闆面對面談這份的訪談報告時，可以看
出 A 君心理有許多的挫折感，因為他過去一向自己感覺良好，
怎麼這些好同事會對他我這樣負面的反饋呢？他們對他的期待
是「希望他成為他人（現任部門總經理）的樣式」，他直接告
訴大老闆「這個我做不到」。

　　說到這位 A 君，是名牌大學 MBA 畢業，也是個非常內向
的專業經歷人，做事細心，一點細節也不放過，他在公司裡已
經超過 20 年頭；相對的，他的老闆和現任部門總經理則是非常
有個人魅力的領導人，能言善道，深得人心，A 君和這兩位老
闆的個性完全不搭調，我可以理解他心裡的掙扎。

　　面對這個議題，有些顧問或是專家可能想提出建議來「改
變」他外在的行為，告訴他「你應該…」，否則視同你自願放
棄這個機會；但是做為組織高層教練的我，採取了不同的路徑，
我們要幫助他在自己的優勢上成長出來自己風格的領導力，就
是「優勢領導力（strengths-based leadership）」，在徵求他
大老闆和部門總經理的認同後，我們開始了這段教練旅程，目
標是「建立他個人的領導力」。

　　一個人的領導力起始於「自我領導」，成就於「領導他

人」，自我領導有三個層面：

- 自我認知（Self-awareness）：我的優勢是什麼？我理想中的領導風格是什麼？
- 自我管理（Self-regulation）：我如何達成我的目標？該做什麼，不做什麼？
- 自我開展（Self-authoring）：如何在實踐的過程中，不斷的自我學習成長和更新？

領導力發展藍圖
由「自我」到「人我」到「我們」領導之路
覺察，管理，開展
Awareness – Regulation – Development / Authoring

　　最重要的是調整自己的態度，由「心中自大自滿」（Ego-based operating system）走出來，要能更謙卑的融入團隊，由「我是…」邁入「我們是…」的世界，這是另一層的轉化，這是「換軌」。領導風格沒有最好的，只有最合適的，這是個選擇也是不斷的自我轉化的過程。

　　「領導他人」也是這三個發展流程：

- 我對他人的認知（Social-awareness）：同理心，對組織使命價值和願景的認知。
- 人與人關係的管理（Relationship- Management）：

領導力的開展

	I 自我	You 人我	We 我們
Awareness 覺察	Awakening 自我覺醒	Relationship 關係 Empathy 同理心	Engagement 投入
Development 發展	Self-Leadership 自我管理領導	Trust 信任 Accountable 靠得住	Teamwork 團隊 Cooperation 合作

衝突處理，影響力，異見處理。
* 人與人關係的開展（Relationship- authoring）：激勵，團隊合作，導師，教練

" 自我領導三部曲 Being – Seeing – Doing "

有一天早上我送一群小朋友去遊覽參觀，這是他們第一次到外地訪問，一個大哥哥說，「你們這裡怎麼這麼多的籃球架」，另一位小妹妹說，「伯伯，你們這裡好多藍色的花哦」，我忽然驚覺：第一個孩子喜歡打籃球，第二個孩子家裡有個花園。我們內心裡在專注什麼，就可能會看到什麼。

我相信我們都會有過類似的經驗，一個醫生在路上走路都會看到許多「有病的人」；一個綠手指（愛花草的人）在高速行車中還是會告訴你路旁的花草多可愛；如果你手上拿著一把錘子，你會看到身旁有許多的釘子，對嗎？

我們再回頭看看你自己心中所尊敬的人和影響你最深的人，有些人的典範是儒雅型的領導人，如曼德拉，甘地或是修女德瑞莎；也有些人的典範是剛烈強勢的；

在人的本質中，有些有趣的事實，比如說「**我們從別人身上看到的其實是自己；你是什麼樣的人，就會認為別人也是什**

麼樣；你內在在關注什麼，就會被那樣的人吸引；你約束別人時，自己也同時會被約束；如果你很排斥一件事，那它就是你要學習的課題」，你認同嗎？有一個我輔導的年輕人說「我心理愛媽媽，但是我和她合不來，因為每次和她談話時，也同時見到我自己心中的弱點」。

在領導力的道理也是如此，一個人的領導力起始於自我領導，他必須先「自我覺察（Self awareness）」，其次是「自我管理（Self regulation）」，最後才能「自我實現（Self authoring）」，以完成一個領導者的使命。

◆ Being 本我自我

Being 起自於自我的心思意念，自我的認知，也是一個人的品格和個性的內涵，因著不同的情境，每一個人都會不自覺的或是自覺的產生不同的想法和態度；我們就會帶著這副眼鏡來看外在的一事一物，對於同一件事，針對不同的人，在不同的時間或是不同的情景，每一個人看到（seeing）的都不同，有些人看到機會，但是有些人看到的是困境；因著這看見的不同，人們會採取不同的行動（Doing），有人採取的行動是不管三七二十一，溜了再說，也可能是勇敢面對，奮勇再起（face everything and rise up）。

心思意念的戰場

我們的心思意念（Mind Map）或是無形的心錨，都影響著我們，在面對不同的情境，它會有不同方式的展現，這都是一個人人格的一部分，它有底下幾個重要的元素所構成：

1. 我是誰：自我的察覺和定位，我的使命感，價值觀，願景，這是人心裡底層的心理羅盤。
2. 面對的外在情境（Scenario）
3. 先天的傳承（Legacy）
4. 後天的學習（Learn）
5. 自我當時的感受（Feel），

6. 自我當時的想法（Think）

7. 自我心中的良知（Consciousness）

8. 自我當時的企圖心（Will）

◆ Awakening to see 喚醒並看見

基於這個心理狀態，對於外在的情境，我們只會被喚醒（覺察）並看到我們所關心或是排斥的人事物，對於其他的就可能漠視而看不見，這是人心的盲點，「以管窺天」就是這個道理；當你以愛心來看世界，你會看到世界的美好，我們對所尊敬的人的觀察，也是如此。

有什機會或是方法來破解這些盲點嗎？人體的心思意念是個黑箱，會被「扭曲，只看到我們所專注的，被忽視，見樹不見林，被熱點事件吸引」簡稱為 FAITH（見下頁圖，Filtered, Agenda, Ignored, Too details, Hot spots），這是一面偏光鏡，是堅固營壘，可能自己無法察覺，我們稱它為「頑固」，但是透過開啟一場「教練型」的對話，有機會釐清真相和除去這些烏雲，還天空一片海藍，重建自己的定位（Personal ID），知道做什麼，不做什麼？（價值觀）要去哪裡？（願景），該做什麼？這是自我領導的核心基礎。

一個「忙碌」的領導者很容易陷入「盲流」，上面

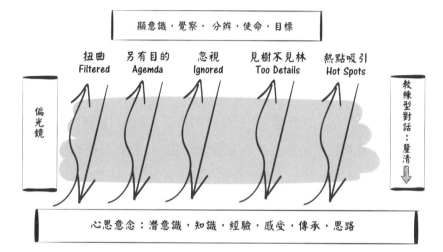

開啟一席教練型對話

所說的 FAITH 就是盲流的主漩渦，逃離的最佳方法就是 Mindfulness（正念，擺正自己的心思意念），透過自我的察覺，專注當下，願意面對現況，並敢於做出選擇採取行動。

　　另一種可能的「盲點」是來自於人的慣性「「**我們常用動機來省察自己，卻用行為來評斷他人**」，我用右頁的圖來展示它會更容易明白；這裡有圓錐體，球體，圓柱，它們代表不同的動機，可是如果光源由上頭照射下來，底層都是圓形；它說明，人的動機可以不同，但是因為在一個特殊的情境下，投射的光源角度不同，它們的行為有可能是一樣的；這好似在一個

人們觀察自己的
動機，卻批判他人
的行為

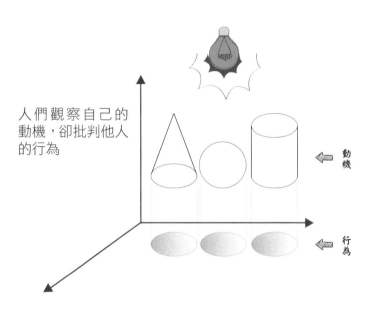

動機

行為

不同的角度和態度會有
不同的行為觀察

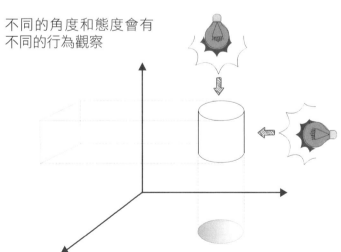

團隊的員工，他們參與團隊的外在行為可以都是一樣的，但是
每一個人參與的動機可能都不同，有些人是為薪資而來，有些
人則因為好的企業名聲而加入，有些人可能在這個工作上找到
自己生命的意義；相對的，同一個動機，在不同角度的光源照
射下，它顯示的行為可能也不同；教練式領導力談的是「不要
只關注外在的行為，要能夠理解每一個人心理的動機，來帶動
每一個人的積極性」，這是領導力的第一課。

　　在 2016 年 3 月份的《時代》雜誌刊登了一份報告「痛苦感
受指數」非常有參考價值，文章裡提到我們隨著年紀的成長，

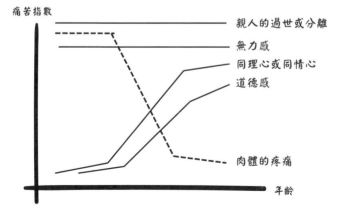

痛苦感受指數
資料來源：《時代》雜誌專文，3/17/2016

痛苦指數

親人的過世或分離

無力感

同理心或同情心

道德感

肉體的疼痛

年齡

有些感受會慢慢強化，比如說「同理心，同情心，對道德倫理
關注的心」；有些則慢慢減化，比如身體的疼痛；但是有兩個
部分則是不隨年紀而變化的，那就是「親人的過世或是離開，
無力感」，這些痛苦指數也是最高的，這個報告也提醒我們，
為什麼年輕人對某些生命元素不是特別敏感甚至忽視，它們需
要有生命的經歷才會慢慢覺察，「同理心，道德感」就是明顯
的案例，我們往往不是忙，而是沒有覺察能力的「盲」。其中
一個重要的痛苦指標是「無力感」，造成的結果不只是沒有成
就感這麼簡單，在內心的深處它是一種非常痛苦的感受，長期
的積累對員工自己的身心靈都不健康，對組織就是損失；作為
一個領導人，如何來面對這些不同的情境呢？

　　如何來面對這些盲流和盲點呢？喚醒（Awakening）
後的覺察（Awareness），透過一場教練型對話讓我們能
分辨（Discern），在認同（Acknowledgement）它和我
有關或是重要後，才會開展下一步的行動，包含啟動連結
（Engagement）和行動（Action）。

　　自我的覺察有幾個層次：

1. 「自我感受」到有混擾不對勁。
2. 「發現差異」：現實和心中理想有什麼不同？

3. 「深入探究」：是什麼？為什麼？
4. 「自我定義」：我是誰？我要什麼？我的決定是什麼？
5. 心底的「行動預備」。

覺察會帶來思考，它也有幾個不同的層次和面向，會產生不同的行動：

1. 針對單一事件：我們會有反射性的反應
2. 覺察到規律性：我們會有適應性的改變，
3. 提升到系統性的高度：我們會有創造性的看法，
4. 面對自己的心思意念：我們會反思轉化和內化，
5. 再度釐清自己的「使命，價值觀，願景」時，這開始我們開創性的旅程。

◆ Doing 採取行動

沒有行動的領導力是死的，行動所展示領導的力量遠遠超過言語，我常在課堂裡使用一個「跟隨我（Follow me）」的體驗遊戲，我說一個動作，也同時展示一個動作，比如口說「雙手指鼻子」，我雙手也指鼻子，大家都會跟著我做，直到有一個口令，「雙手指著眼睛」，可是我實際的雙手卻比著嘴巴；這

是一個關鍵的觀察點，他們跟著我的口令呢？還是跟著我的行為？我個人的結論是「50％跟著行為，25％跟著口令，25％無所適從，沒有動作或是放棄了。」這是「說到做到」的重要性，一個領導人如果無法說到做到，或是他說的和做的不同，團隊的成員會無所適從，領導者會失掉團隊成員對他的信任；每一個決策都很重要，特別是在關鍵決策；比如說「品質第一的企業，在客戶延遲出貨要罰款的壓力下，領導人如何做決策？」我們常說魔鬼就在細節裡，它會毀壞你的成果，相對的領導力的建設也就在這些細節裡，日積月累的慢慢建立起來。

◆ 芝麻開門（Open door policy）

　　在本書第一章我們有提過這個主題，許多主管有事沒事的就誇口說「我門隨時開著，有事歡迎你們來找我談」，當我再往下問一句「有多少的員工有事會找你談呢？」，答案又是一陣的沉默；開門是好事，但是員工願不願意進門來就是領導力的挑戰，為什麼員工不願意進門和主管商量，最常見的答案的「老闆很忙」，是真忙嗎？

　　主管的重要責任之一不就是幫助團隊成員解決困難達成目標嗎？另外一個原因是部門文化的挑戰，員工進門後，會有什麼可能事發生？許多老闆會逮到機會馬上下指導棋，告訴你該

怎麼做？不願傾聽更不懂得對話，員工還沒說完就劈裡啪啦的下命令給答案，主管將他的辦公室變成戰情指揮所了，這是員工要的工作環境嗎？你如果是員工，你還有下一次嗎？

在《清醒的企業》一書裡，還有列出一份領導力的檢查清單，這是由員工的角度來看的：

- 我知道主管對我在工作上的期待。
- 我有達成工作目標所需要的資源。
- 我有機會每天將工作做到最好。
- 在過去七天，我曾因為做好工作而受到主管或是同事的讚美和鼓勵。
- 我的主管或是同事會對我表示關懷。
- 我被鼓勵多發表自己的見解。
- 我的意見被傾聽和採納。
- 我的工作對團隊的使命和目標有貢獻。
- 我相信的合作夥伴會做出最高品質的貢獻。
- 我的主管定期的會和我談到我工作的進步和成長的空間。
- 在過去一年，我個人有具體的學習和發展。
- 我知道我在這個組織是有發展的機會。

RAA 時間：反思，轉化，行動

- 我是誰？（Personal ID）
- 我要做什麼，不做什麼？(Values, 價值觀)
- 我要去哪裡？(Vision, 願景)
- 我該做什麼努力？（ Action, 行動)
- 我所做的和我所說的一致嗎？

" 案例：內向型領導人 "

我們看到許多外向型魅力型的領導人，但是並不是說內向型的人就不合適當領導人，我就幫助幾位非常內向的高階主管成功的成為一個總經理，我自己也是一位內向個性的人，以前我自己無法有系統的以自己的經歷來幫助其他內向的人如何做個好的領導，最近一兩年我開始重視並研究「認同，不同」的多元領導力時，參考過許多的研究報告後才看到希望，有許多的專家在這個領域做深度的研究，有一本德國希薇雅。洛肯博士（Dr. Sylvia Lohken）寫的書，中文版譯名是《內向者的優勢》，

另一本是美國的凱威樂女士（Jennifer B. Kahnweiler）所著的《用安靜改變世界》（Quiet Influence），他們對內向人的研究報告結論非常的類似，再加上蓋洛普的Strengths Finder 2.0，Strengths-based leadership（優勢領導力），由專家的角度來理解不同性向的人有哪些優勢，又如何投資並展現他們的優勢，我們希望幫助各種不同性向的人都能定義出自己的優勢，投入發展自己的優勢，找到舞台來展現自己的優勢。

我的一位外商企業教練學員，他非常到內向，預定接班，他老闆則是一位非常外向魅力型的領導，他對自己的內向非常惶恐，這雙大鞋子是他該走進去的職位嗎？他該蕭規曹隨勉強自己呢？還是展現自己才華，面對自己內向性格走出自己的路？他該怎麼辦？要回答這個問題，我們先來探討，內向者有什麼特質和優勢？他們合適做領導人嗎？

MBTI 性格類型

• E (Extraversion 外向型) 　專注外部能量	• I (Intra-version 內向型)： 　先思考會怎麼做再問他人
• S (Sensing 感覺型)： 　要具體資訊事實	• N (Intuitive 直覺型)： 　著重大局和未來可能性
• T (Thinking 思考型)： 　邏輯思考和分析	• F (Feeling 情感型) 　價值情感個人相關優先
• J (Judging 判斷型)： 　有計劃和組織再行動	• P (Perceiving 感知型)： 　做事情靈活隨時可改變

◆ 內向者有哪些優勢傾向呢？

　　他們謹慎，相對的實在些；能專注對話，也能夠凝神傾聽；常常需要一段安靜的時刻；喜歡以書寫取代談話；同理心強，能為他人著想，也願意分享；深思型，凡事都經過思考心理有預備。

　　相對的，內向型的人也有他們自己的盲點或是挑戰：

　　內心較沒有安全感，會恐懼，不願意冒險或是面對衝突；自我防衛措施強；偶爾會逃避，消極，自我否定，或是避免和他人接觸，朋友較少；過於理智，有點頑固不靈活。

◆ 內向型的人如何成為一個卓越的領導人呢？

　　「強化優勢再由優勢出發」這是這位學員選擇的成長策略，這是一個案例：

- 建立一個信得過的安全城堡：家人，核心團隊，再建立信任後，以漣漪效應，慢慢擴大這個信任圈，這在高管教練的個人轉型非常的重要，因為他們有尊嚴和面子的問題，如何優雅的轉型，這是我們下一章要面對的挑戰。

- 學習以事先思考過的組織過的文字來表達自己的看法：我們可以先來練習如何基於自己的優勢來有效的「表達自己的意見」。

- 開始來連接和承諾（Connect and commit）：還是用自己的優勢，寫感恩卡片給績效傑出的員工，關心員工的需要，和員工 一對一或是小組的談話，用封閉型的社群來表達自己的感受和期待，定期的用文字對員工做報告，敢於表達自己的感受和立場…等。

- 願意欣賞認同並能接納不同的聲音。

- 敢於挑戰自己，並邀請核心團隊或是員工參與，共同達成指標。

- 敢於挑戰他人，並告訴他「我會給你實時的支持」，你並不孤單。

RAA 時間：反思，轉化，行動

- 在 MBTI 的性格測試裡，你是屬於哪種性格的人？
- 身為一個主管，你如何面對不同性格的夥伴呢？

"案例：第二代傳承接班─我該怎麼辦？"

有一位創業老闆已經七十幾歲了，他每天早上四點多鐘就到工廠視察，看到晚班的工人打瞌睡還會用手杖敲他們的頭，每週一早上固定和員工精神講話，就是這樣兢兢業業的經營打下組織的基礎；他的孩子也接近五十歲了，留學美國長春藤大學雙學位畢業，回國後在企業內做事也已經十幾個年頭了，兒子個性開放健談，標準的美式作風，過去一直很悶，但是也沒有機會出頭，找不到自己的舞台；兩年前他父親過世了，他知道這是機會，邀請我做他個人的教練，他問我的第一句話是「再下來，我該怎麼辦？」創辦人有他個人的魅力，也非常的照顧員工，但是也非常的嚴謹，執行力非常的強，「罵是愛」的文化漫佈企業內，第二代預備接班了，雖然他也在前輩的樹蔭下成長十餘年，他還是面對這個關鍵十字路口，「再下來我如何接班？」

"領導人的資源：權力和愛"

我們在本書裡不專注在「經營」，而是偏重在「人才發展」上，領導人有許多的資源，除了有數字預算外，每一個領導人

手上掌握著非常多的「權力和愛」而不自知，就好似坐在金山上的乞丐一樣。

權力是達成目標的動力，愛則是合一的動力。（Power is the driver to achieve goals，love is the driver to unity）；

權力是「由上對下（或是由有對無）的執行命令，評估績效，升等，薪資…等等」的權柄，愛就是「接納，尊重，尊敬，信任，團隊合作…」的態度和行動。

在傳統的管理導向的組織裡，權力權威職位抬頭至上，甚至專業也有一定的權力，凡事由上而下，遵守命令，老闆英明，老闆說了（才）算，不敢有異議，這是權威；相對的，在需要開放創新，新世代的組織裡，主管和員工是夥伴關係，在組織的「認同」大傘底下，也容許接納不同，更多的信任和欣賞，這是有「愛」的組織。

我們不特別強調一個組織「應該」要如何？依據組織的使命和特質，團隊成員間的信任基礎來決定「權力和愛」的成分比例。一個建設公司的老闆說「我們面對工地的員工只能使用權力」，要他們無條件的遵守設計部門的設計規範，在執行過程中有任何的疑惑或是想法，可以在事後和設計部門反饋和討論，但是執行單位則必須嚴格的使用權力，我們看到許多的單位也都是如此，比如說是生產單位，品管和安全單位，物流單

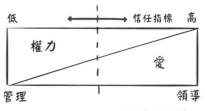

source: Power and Love

位…等等，但是不要忘記威權的基礎精神是愛，共同完成組織
的使命；愛是溫暖的感受，激勵員工的認同，熱情，投入，潛
能，創新，希望…等等；在不同的情境下，強化某一個職能，
但是心裡的底層還是愛；這兩個資源是一個新世代領導人（2.0
領導）必須具備的能力。我們不一定知道如何成為一個成功的
領導人，但是可以確定「為什麼失敗」的一個重要原因是期待
讓每一個人對你滿意，在關鍵時刻，敢於使用權力，作出「困
難的決定（Tough decision）」，這也是領導人贏得尊敬的重
要原因。

　　一個組織內部的互相信任度會影響到中間這個軸心的位
置，信任度不足的組織，它的權力使用會偏高，員工會感受到
「要我做」的壓力；信任度高的組織則相反，權力是最後的手
段，「我要做」的氛圍會強，你會看到許多的員工吹著口哨上
班。

　　一個領導人理解「能使用愛時絕不用權柄，這是謙卑的力

量；需要用權柄時， 絕不逃避，這是勇氣；愛是這一切行為的總綱」。

" 領導者的角色和責任 ：不要將自己做小了 "

你如何看你的工作職責和它的價值？有些人將自己定位為承上啟下的主管，他們的態度就是做一個「將事情做對」的專業經理人，將大老闆交辦的每一件事做好，大樹底下好乘涼，心態是被動保守；另有一批人是除了承上啟下之外，他們更多的熱情在開創價值「做對的事」，他們的心態則是主動積極，會面對許多的困難，但是也因為這樣不斷的在經歷歷練和成長，你是哪種的領導人呢？

彼得杜拉克闡述過一個企業或是組織領導人最主要的責任是什麼：

- 我們是一家什麼組織（企業）？這是組織的使命和定位
- 我們做什麼，不做什麼？這是組織的價值觀
- 我們要到哪裡去？這是願景
- 我們該做什麼？這是策略和行動

　　一個心中有大志的領導人，他們就在個組織的不同的層級，都可以用這些問題做自我對話和提醒。

　　我們再將層級拉到事業部門總裁，組織 CEO 或是董事長的高度，這些問題對他們定義自己的角色和責任又有什麼意義呢？寶僑家品前 CEO 拉富雷在《哈佛商業評論》撰寫的文章〈那些只有 CEO 才能做到的事〉裡，也明白陳述了這些理念：一個組織最高階領導人負責組織的運作和經營和未來的開展（Developing talents and organization），但是只有這幾樣事只有他們才能做到的：

- 我們是什麼一家企業，我們做什麼不做什麼？
- 最高領導人能看到一些其他人無法看見獨特的外部機會和挑戰，他必須有效的將外部和內部的資源連接，包含所處社群，市場經濟，技術變革，消費者行為…等，開展組織優勢，引導組織變革；組織衰敗的第一個現象就是只專注內部的管理，而忽視和外部的連接和應變，這是領導人不可忽視的責任。
- 在設定目標時，兼顧「短期 - 中期 - 長期」的發展：這是一個困難的決定，也只有如此才能確保組織的永續發展。

- 組織文化的建設和不斷的更新。
- 人才發展的投入和關注。

為了達成組織賦予的使命，領導者該扮演什麼角色呢？ 我認為有四個不可逃避的角色和責任，我用我們日常生活裡常接觸到的角色來闡述「牧人，管家，師傅和僕人」。

" 牧人（Shepherd）"

我特別喜歡《聖經》裡那 23 篇用詩的方式清楚闡述牧人的角色和責任，請容許我用它來做個例子：

「耶和華是我的牧者，我必不致缺乏。他使我躺臥在青草地上，領我在可安歇的水邊。他使我的靈魂甦醒，為自己的名引導我走義路。我雖然行過死蔭的幽谷，也不怕遭害，因為你與我同在；你的杖，你的竿，都安慰我。在我敵人面前，你為我擺設筵席；你用油膏了我的頭，使我的福杯滿溢。

我一生一世必有恩惠慈愛隨著我；我且要住在耶和華的殿中，直到永遠。」

這裡詳細說明了一個牧人的角色和責任是：

- 他是引導者：你的杖，你的竿，都安慰我，引導我走義路，
- 他是供應者：我不缺乏的躺臥在青草地，擺設筵席，
- 他是保護者：安全的躺臥在青草地上，可安歇的水邊
- 他是陪伴者：行過死蔭的幽谷，安慰，支持，挑戰，
- 他是靈魂喚醒者：有信任和愛，讓小羊能時時甦醒，恢復。

回到組織的建造，一個領導人首要的任務就是建立組織正向的「心理疆界」，建立組織的牆垣，不是局限而是引導和供應，建立一個安全有保護的環境，讓員工盡情揮灑，做個好牧人必須先回答幾個基本問題：

- 我們是誰？
- 我們做什麼，不做什麼？
- 我們學什麼，不學什麼？
- 什麼是對的，什麼是不對的？（人，事，物）
- 我們要去哪裡？

那該怎麼做呢？該如何著力呢？這是一個簡單的框架：

1. 建立組織的文化，包含使命，願景和價值觀（Model the way）
2. 建立組織階段性的目標和策略 （Growth objectives and strategy）
3. 建立組織團隊和管理領導氛圍，才能吸引對的人才參與貢獻（Inspire a shared vision and leadership to attract talent），也才能請不對的人下車
4. 建立對團隊績效的期待績效和指標，引導組織成員的努力方向（Performance index）

有一個朋友給我一個大拼圖，約有三百張小片，我問他要「全景圖」，他說不見了，最後我和孩子們花了許多的時間，想找到那線索，還是以失敗收場。這是全景圖就是組織的願景，團隊的成員們才能在心中埋下這個圖像，慢慢的努力的邁向目標。

願景是「初看不可能，但是值得一試」對未來的正向圖像，領導人如何能溝通願景，建立組織文化，這是領導力的關鍵一步。

在面對高階主管做一對一教練的第一次會談時，我總是喜歡問「你的組織健康嗎？你能描述心目中的健康組織嗎？」許多領導人都會談到他們是組織績效，我會再問「這些是唯一的元素嗎？」，他們知道教練關心的是人和組織的氛圍。如何建立一個組織文化（使命，價值觀，願景，管理和領導氛圍）讓員工能發展所長？這是組織的 DNA，D 是 Dialogue，對話和連結，N 是 Navigation，有清楚的目標引導，A 是 Aspiration，讓員工看見希望，有自己的目標和抱負。這也是教練式領導力所專注的目標。

企業文化的不同會吸引不同特色的員工，舉個例子來說，IBM 強調「Think big」，蘋果（Apple）則是「Think different」，你可以想像這兩家員工的心思意念和外在行為的不同了。一個沒有清晰企業文化的組織，領導力無從建立，還是會停留在「老闆說了算」「老闆的一舉一動就是文化」的格局。

管理和領導氛圍也是組織文化的一部分，一個人才會因為好的的組織文化加入，但是會因為和直屬主管合不來而離開，每一個主管都承擔「吸，選，用，育，留，傳」的使命和責任。

好工作氛圍好似手機的收訊狀態，如果信號滿格，就會有好的連結，好的關係，好的溝通對話，建立更好的信任和互動關係。

管理和領導氛圍就是員工每一個人每天所接觸到的工作氛圍，它可以涵蓋（但是不局限在這些內容）：組織內的信任，溝通的方式，是否互相的尊重，互相合作和分享？是否在組織內具有多元聲音但是還會合一的領導力，是否能夠說到做到？是否有面對高峰，敢於挑戰的氛圍？這也都是組織文化的一部分。

在這個無形的心理疆界裡，員工才會有真自由，知道什麼是「對的事」，也才能做「對的事」，這是引導，有安全的氛圍和充裕的資源供應，心思意念開始自由飛翔，展現創意和潛能。

疆界的真意義不是給予人限制或是捆綁，而是保護和規

範，團隊成員可以在領導人同意下選擇是否進入，而且有可以
自由選擇退出；這是牧人的角色。

◆ 開展學習型組織

　　建立組織文化是牧人重要的職責之一，它包含使命，願景
和價值觀；如何建立，又有哪些重要的元素呢？這又回應到我
們剛提到的「引導，供應，保護，陪伴，喚醒」的幾個職能，
「學習型組織」是關鍵，那該如何啟動呢？

- 定期檢視組織內部的學習氛圍。
- 強調並建立正向學習：透過學習，分享，陳述，溝通，
  體驗，反思，轉化，行動…等。
- 建立一個安全的學習環境和平台：讓不同的意見和想法
  可以得到完整的表達和尊重。
- 支持可以承受風險的探索活動（Calculated risk-
  taking）。
- 敢於面對衝突和挑戰，（Confrontation and
  challenge）
- 平等和成熟的對話環境，（Dialogue）
- 敢於挑戰更高、更創新的目標，（Challenge to

advancement and innovation）

- 建立學習型（Learning）和教練型（Coaching）的導師，
- 敢於認同「有所不同的」（Diversity，Agree to disagreement），再開展合作旅程。

"管家（Steward）：領導人的R&D"

身為一個組織的領導人，他（她）們承擔兩個重要責任：R & D，這些就是管家的職責：

- Running operation to deliver：組織日常的運作
- Developing people and team：組織和人才的發展

許多的組織領導人都懂這個道理，但是在務實面，會有許多「知道但是做不到」的困境，這 R & D 是領導人最高的責任，無人能取代；好似父母的天職一樣，無人能代替；但是在現實面我們看到許多領導人在忙著其他人能做的事，但是卻忽視了他們的天職。

如何設計並建造一套的資源和人才管理運作和開展系統，

讓組織有序不亂的運轉，並建立組織績效衡量指標，讓組織在運作時，能有「公平，公正，公開」的氛圍，讓員工努力投入時，不只是為組織，更是為自己的未來發展，建立一個「有盼望，有機會，有成長」安全投入的環境，這是牧人也是管家的職責。

"師傅（Mentor）"

組織裡的師傅有三種，在不同的情境下，我們需要不同的師傅。

◆ 指導型的師傅（Directing mentor）

這是傳統的老師傅，他有專長的手藝而且願意傳承，這類型的師傅所使用的方式是 IDEA ，由上到下的指導：

- Instruction 指導或是教導
- Demonstration，展示給你看
- Experience， 學生自己體驗
- Assessment，評估

它的精髓在於：老師傅先教你一套的理論和流程，其次是老師傅親自做給你看，然後要學生著手做給老師傅看，最後是評估一下，學生做的如何？下次如何改善？

這個類型的師傅偏重在「技藝」的傳承，向大師學習，但是在這大樹下，學生的功力很難超越老師傅，它必須走入到下一個階層「發展型的師傅」。

◆ 發展型的師傅（developing mentor）

這類型的師傅是將教練的角色納入，不只是教導知識和技能，更是讓學生自由飛翔，走出自己的路，飛出自己的天空，經由對話和挑戰，讓「青出於藍而勝於藍」，讓學生能自己發揮出自己的潛能，師傅的角色與其說是教導，不如說他是「陪伴，激勵和挑戰」者。

◆ 支持型的師傅（Sponsorship mentor）

這是組織內師傅的極致，師傅願意附上自己的信譽來保薦學生在組織內的權力階梯爬升，當組織內有合適的機會，或是在組織內有讓這位學生發展歷練的機會，這位師傅會全力以赴，為學生的利益發聲，這也是我們常說的「貴人」，生命裡我

們常會遇見貴人，特別在轉彎處。在強勢的組織裡，弱勢的族群常常會被那些閃閃發光的明星們掩蓋，讓他們出不了頭，這時需要組織的特別設計，讓高階主管們扮演這個角色，讓「內向的人，不擅長言辭的人，個性偏柔性的人」能出頭。

"僕人（Servant）"

這裡的僕人談的是一種心態，願意謙卑自己，服侍他人，幫助他人成功的意願，願意分享權力和權利，這是授權，賦權的基礎，也是「主管教練」的重要里程，願意「虛己，樹人」，領導者最主要的責任就是設立舞台，讓員工盡情揮灑，幫助他們成功。這也是一個領導人成熟度的指標，一個業餘的領導人和專業的領導人的區別，就在於僕人式服侍他人的成熟度和穩定度。

"領導人的小羊們"

接下來，我們來談這四個角色，如何來應用在日常運作裡呢？這是一個挑戰。

在每一個團隊裡的員工，他們來上班的心態不同，大約可

以簡單的分成四種心態，就是「就業，職業，事業，志業」：

- 「就業型」的人心中想的是打一份工，有收入可以糊口就是目的，任何工作都行，不挑剔；

- 「職業型」員工心中想的是這個工作和我的專長相近，我可以安定下來，朝九晚五的在這個工作上班，最好是「錢多事少離家近，能睡覺睡到自然醒」無壓力的工作，這類員工的特色是「上班一條蟲，下班一條龍」，這是被動的參與公司的工作，「心不在此」是最大的特色，這也是組織裡最常有怨言的群體；

- 「事業型」的員工選擇主動參與公司的事務，他們願意多走一里路，勇於承擔責任，為的是自我的成長和歷練；

- 最後一種是「志業型」的員工，許多資深員工或是顧問的心態就是如此，不再有權力的企圖心，心中懷抱的是參與奉獻和組織的傳承和永續經營。

　　一個領導人如何釐清員工對工作的心態，這是智慧；如何來轉化或是衡量員工們工作的心態呢？「學習者的心態」是一個關鍵指標，我們常談「學習型組織」，這裡我們要面對如何

落實的挑戰。

在組織裡有企圖心的人才是對的員工，它的前提是組織的領導人必須先建立團隊的「心理疆界」，就是「組織文化，團隊的管理和領導氛圍，目標和策略，衡量指標…等」，才能找到所謂對的人才，在這個無形的疆界裡，容許冒險和犯錯的可能，他們能被包容接納尊重和信任，團隊裡有獨立自由發展的空間，能加速個人的能力成長，在執行組織任務和使命時，感受到很有意義，這是正向積極投入的基礎，也是我們下一個階段要談的「N型領導力」所需具備的背景資訊。

教練式的領導者在組織裡所扮演的新角色不同於以往，他們是：

- 吸引者：吸引對的人才上車，當然不對的人要敢於請下車。
- 引導者：除了指導之外，引導是一個必須具備的新能力。
- 釋放者：建設舞台，釋放員工的潛能，
- 挑戰者：敢於挑戰，這是新世代領導人需要精進的能力。
- 支持者：陪伴支持，為之君為之師。

- 激勵者：在困境時，陪伴支持和激勵是重要的能力。

"找對的人上車"

找對的人上車是組織快速發展重要的引擎，至於哪些是對的人才呢？如何在認同組織願景，價值，使命和管理領導模式，再被接納和信任後，敢於展示不同，創造價值呢？這是領導人的高度挑戰，沒有標準答案，但是有些規則可循，這些是參考指標：品格和性格，能力和潛能，以及歷練後所展現的企圖心。

對的人才

抱負：熱情‧企圖心
Aspiration

歷練 →

挑戰
承諾
衝突
信任
關係
認同

能力：專業績效‧潛能發展
Competence

結合：品格和性格‧組織文化契合
Engagement

如果由組織的職能階梯來看，對初階主管我們所關注的偏重在技術性的專業性能力，中階主管則開始走向人與人，團隊與團隊間的關係性能力，關注到團隊合作和整合，專案管理就是一個案例；最後高階主管則是走向「概念性的能力」，談策略，願景，風險管理，領導力…等等；並不是說走上另一個台階後就可以放棄前一台階的能力，而是減少或是授權賦權給部屬，讓自己有更多的時間往上一層樓來思考著力，一個對的人才是在目前的本職是專家，但是在經過培育後有潛能邁向下一階。

"N型領導力"

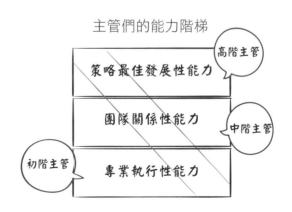

主管們的能力階梯

高階主管

策略最佳發展性能力

團隊關係性能力

中階主管

初階主管

專業執行性能力

導人如何有效的來管理和領導呢？今日多元多變的環境裡，除非面對的是極境，否則我們很難用一套管理或是領導方法來達成合一的目標，這是我個人發展出來的一套新領導力模型，稱為「Ｎ型領導力」，這個理論背景在於由教練的角度出發，針對不同的情境，每一個員工的投入和學習成長心態各不同，在前面我們有提過「主動的投入」（Proactive engagement）和「被動的投入」（Passive engagement），這對於一個領導者的使力會有大不同；其次是能力的差異，在不同的情境下每一個人也會有不同。

就如在本章第一個案例所談的個案，一個領導人要做「全人教練」，你可能會在員工的前頭，旁邊或是後頭，「Ｎ型領導力」就是基於這個基礎發展出來，它的精髓在於面對不同的情境和不同的人，一個領導人要能自我認知和覺察，哪些人你要在前引導，哪些人要在旁陪伴，當他們的師傅，哪些人你可以在後面放手授權支持和激勵？在我們再深入談這四個情境前，你自己先來做一次的反思，你會怎麼做？

我們來一起思考，哪些人是需要領導人親自來帶頭，哪些人需要你的旁邊陪伴，那些人需要你在後頭支持？「Ｎ型領導力」是答案。

它最大的分野在於兩個元素「員工對工作或是組織所展示

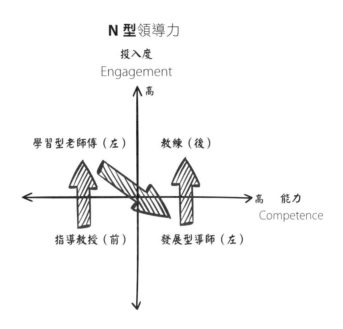

N 型領導力

投入度
Engagement

高

學習型老師傅（左）　　　　教練（後）

高　能力
Competence

指導教授（前）　　　　發展型導師（左）

出來的投入度（Engagement）」和「員工對目前或是未來工作處理的能力（Competence）」。

1. 在前（指導者 Director）：低能力，低投入

在組織或是團隊裡，常常有許多的新進員工，如何幫助新手上路？如何幫助他們不踩紅線，理解組織內的關係生態，文化，經驗積累和權力結構，好似開車上高速公路前的加速跑道，作為一個主管，我們常會指定一位「內部導師」來幫助他，

或是主管自己親自來指導和教導；對於一個新手，他是屬於在「低能力，低投入」的階段；對於一個外部人才，他會被企業的美譽度吸引，但是會因為和直屬主管或是團隊成員合不來而離開，留才是直屬主管的責任。

2. 在左（學習型的老師傅 Learning based mentor）：低能力，高投入

對於組織裡，會有許多員工因為績效良好而被提升到一個新的階層，這是一個「換軌」的生涯轉換，比如說，一個績效良好的銷售員被提升為銷售主管，一個優秀的技術工程師被提升為產品專員，一個優秀的老師被提升為主任，他們都是組織高投入的人才，但是對於新的職能陌生而顯得低能力，這個時候，主管要能改變領導作風，成為一個「學習型的老師傅」，幫助他加速建立專業能力，走上軌道，否則，許多人會自然的回頭往他所熟悉的地方著力，也就是往下做，容易陷入太過細節管理，最後以失敗收場而離職，對於組織相對的喪失一位好員工。

3. 在右（發展型的生命導師 Coaching based mentor）：高能力，低投入

在組織內部會有部門輪調，新職位，內部創業或是外部空降，甚至是組織裡的天才孤鳥，這些人的能力都是非常的高，但是在融入新職位時，許多的人最後都是以失敗收場，是因為這類人才耐不住寂寞，在新的單位也沒有安全感，總是想表現幾招來贏得尊敬，憑著幾分的能力就大展拳腳，卻沒有後援，其他的團隊成員都在旁觀看熱鬧，這是個危險期，如何謙卑的安靜下來，和團隊裡的成員建立關係和信任，理解團隊的定位優勢和策略，先調試自己的位置和心態，理解團隊的資源和所面對的機會和挑戰，最重要的是權力圈（Politics）的互動，再一起合力開展；這個時候，他需要一個「發展型的生命導師」，或是「教練型的師傅」來幫助他開竅，成為他的鏡子和迴聲板，讓他自己能覺察到自己的外在行為，及時修正，要在這段時間能耐得住，知道什麼事優先，才不會亂了陣腳。

4. 在後（教練 Coach）：高能力，高投入

面對一個資深或是非常有能力的員工，你如何幫助他呢？除了授權放手外，你還有什麼選擇呢？教練型主管是留才的一個關鍵能力，不讓這些員工停留在他們的舒適區，透過對話不斷的提出挑戰，成為他們的教練，給舞台，透過歷練來成長，透過創新來挑戰自己，透過對話來開竅開啟潛能。這是 A 到 A+

的精進，也是組織明日競爭力的基礎。

◆ 後記：教練式領導力

　　本書是基於「教練式領導力」的基礎，在下一章開始來開展「如何建立你個人的獨特領導風格」，在還沒開始進入以前，我們再來反思學習幾個關鍵的教練精神，這也是我個人過去多年的教練領導力歷練結晶：教練是：

　　「一盞燈，一席話，一段路」
　　「喚醒生命，感動生命，成就生命」
　　「虛己，樹人」

　　我們都是點燈人，照亮整個世界，讓它更光明更溫暖。
　　最後，我要邀請你到 Youtube 看一個短片：〈How coaching works〉。它簡單介紹了教練式主管是如何和他的員工互動的。

RAA 時間：反思，轉化，行動

- 你認同 N 型領導的領導模式嗎？
- 作為一個領導人你何時會在前，何時會在旁，何時會在後？
- 你能將你的直屬幹部名字寫在它們的旁邊，時時提醒自己，你如何來領導他們才會最有效？

4 章

精進內化：建立你個人獨特的領導風格

如果你只是想受大家歡迎，你要準備好隨時妥協任何事情，而你將會因此一事無成；當你還想要取悅每一個人時，你還不夠格做個領導人。
—柴契爾夫人（英國前首相）

" 沒有最好，只有最合適 "

　　模特兒身上的名牌服飾不一定適合於你，廣告雜誌上的新車新鞋也不一定對你合適；一個人的領導力也無法單單由最佳實務（The best practice）來學習，而是要透過最佳的典範，經過反思和轉化，理解自己的優勢，找出自己最合適（The best fit practice）的領導風格。

　　領導風格是一種每一個人內在潛藏的能量，每一個人都不同，在應用時它並非一成不變，針對不同的人和情境，我們會展示不同的風貌；這好似電腦的作業系統（OS）和應用程式（APP），個人的領導風格是 OS， 在不同情境下的應用則是 App 了。

　　我們提到過「失去戰場的戰將」，為什麼許多曾經戰功彪炳的空降高層主管到新組織會失敗？我曾在一個非常成功的中小企業介紹「教練式領導力」，會後有一位資深的高階主管跑來私下對我說「教練，你剛才所說的我都認同，但是不要勉強我使用你這一套，我還是習慣我說了算，不要在會議桌上和我抬槓，不同意可以私下談」；

　　我開「高管教練」工作坊已經有幾年了，學員已經超過幾百名，我都會問這些資深的人資總監組織引進「教練式領導」

最大的挑戰是什麼？他們共同的語言是手指著天花板，一臉無奈。

外在的環境如此多變，我們曾經提過的 DDCU + 3G，TEMPLES，工業化 4.0，領導力 2.0，Y/Z 世代……等等，這些壓力如排山倒海而來，為什麼許多的領導人還是不願意改變他們的領導方式？還是停留在「我說了算」的舒適區？這使我想起我在這本書開頭「緣起」時提起的案例，許多領導人正面對這心中的掙扎：

「改變了，我還是我嗎？」，「我不希望成為別人的樣式」，「不改變行嗎？目前還好啊……。」

領導力最重要的元素是「**是否對我合適**」，我們有人用右手也有人用左手寫字吃飯辦事，沒有對錯，都很順手，但是要慣用右手的人改用左手辦事，那就有困難了；我們也看過古時候的武將，他們使用不同的武器，關公拿大刀，其它的戰將有的拿戟拿劍，李小龍則拿雙截棍，有次我到四川成都參觀武侯祠，問當地的導遊為什麼這麼多的武將，卻是個拿不同的武器，他們也答不上來，為什麼從小不就練一套，大家統一使用，不是更能精通嗎？有一個老先生給我一個比較能接受的答案「他們各自拿自己順手的武器」，這是個人的優勢，有人說這是個

人從天上來的禮物，好似每一個人的體型和人格特質，每一個人都不同，在思路語言態度和行為上會因人而異；好似我們不會因為單單只是因為是在模特兒身上的名牌鞋子或是衣服而採買，會自己照照鏡子，問問「它合適我嗎？」這是我自己要的形象嗎？一個全球頂尖設計師說的好「優秀設計者的每一個產品都有和目標消費者對話的能量」，這是致命的吸引力，領導力的發展也是如此，每一個都可以有一套，所以我們才叫它是藝術。也好似大衛雕像之於米凱蘭基羅，「它本來就在那裡，我只是將它身上的灰塵出去罷了」，領導力我們都有，這是每一個人內駐的能力，只是沒有外顯或是外顯的強度不同，作為一個高管教練，這是我所相信的，也是我自己所經歷過的，將它沉澱下來和大家分享。

在開放式的課堂裡，我常常喜歡問學員們「你能描述你直屬老闆的領導風格嗎？」

我最常聽到的回饋是「善變，情緒化，冷血，自我，專權」等字眼，再來問「你知道自己的領導風格嗎？」面對這個問題大家總是靜默無語；

你老闆的風格是你要的領導風格嗎？你知道你自己的領導風格嗎？你知道你理想中的理想風格是什麼嗎？很多人都沒有想過這個主題，今天，我來帶引大家進入這個深度的內心世

界。

" 你理想中的領導風格 "

　　首先我想請問你，你心目中最尊敬的領導者是誰？你能將他的名字寫下來嗎？他為什麼贏得你的尊敬呢？你能寫下前三大理由嗎？

　　在你生命中，你最願意跟隨的領導人是誰？你能將他的名字寫下來嗎？他有什麼特質吸引你呢？你能寫下前三大理由嗎？將這兩個部分相對照，你會發現它們有許多共通的地方，它們也是你個人的風格寫照，在這一章裡，我們就一起來探尋你個人的獨特領導風格。

你最尊敬的領導人	你最願意跟隨的領導人
·　人名 _____ ·　為什麼尊敬他呢？（前三大理由）	·　人名 _____ ·　他有什麼特質呢？（前三大觀察）

你所寫下來的這些元素，可以將它分類為「品格」「能力」和「魅力」嗎？它們各佔有多少的比重呢？我們看到外在的行為，許多人會為有魅力的領導人歡呼，紛紛加入他的粉絲團，可是當我們冷靜的在做這個課題是，絕大多數人都是將「品格」放在首位，而且有非常高的比重，其次才是「能力」，很少人會將「魅力」放進來。

在《領導力的挑戰》（Leadership challenge）這本書裡，作者針對企業高階主管們做了一次調查，那些是領導者的關鍵能力？這些能力對我們都是耳熟能詳，但是那些是你的前五大關鍵能力呢？你願意想想你自己的答案嗎？我們待會兒再來分享這本書的調查報告。（暫停）

RAA 時間 ：反思，轉化，行動

- 領導者的前五大關鍵能力是：

    (1) _____

    (2) _____

    (3) _____

    (4) _____

    (5) _____

以下是這本書的調查結果：

- 誠信（Integrity）：88%
- 前瞻能力（Forward-looking）：70%
- 專業技能（Competence）：66%
- 激勵能力（Inspiring）
- 開闊的心胸（Broad mind）

在這次的調查裡，「誠信」也就是「正直的品格」位居第一，這是毫無疑議的。一個傑出的領導人要有三個重要的能力「品格，能力和能量」，如果沒有好的誠信品格，能力和能量將成為敗壞人的工具，如何做到「誠信」呢？我們由誠信的反面詞「不誠信」來解讀它，不誠信也可以說是「假冒為善」，是「懷著錯誤的動機去做正確的事」，我們社會上有許多的「大善人」或是「虛偽的人」，他們的善行是實現個人的企圖，基本上逃不過 4G（Glory，Gold，Grip，Girl 名利權色）。舉個例子，有些人在捐獻時要展示一張大大的假支票上報或是要將名字刻在紀念碑上…等等；一個領導人的誠信是團隊信任的基礎，「觀其言，查其行」是最佳的檢驗標準。

領導人的「前瞻能力」名列第二，但是再問下去「你花多

少時間在做前瞻性的規劃呢？只有 3% 的主管敢於回答「我有在定期的關注」，除了年底或是年初的年度計劃時間，我們有特別建立一個機制來做前瞻性的規劃嗎？這是組織應變力的引擎。

" 如何開展我個人獨特的領導風格：架構 "

有關「應該怎麼領導」的書籍汗牛充棟，但是如何開展個人獨特的領導力，這倒是一個嶄新的領域，這個主題無法傳授，只能用教練的手法來協助有心的人成長，一次一個，一次一腳步，每一個人都不同，需要時間需要堅毅的能量，更需要陪伴和支持。

我們先拉高自己來看全局，我們的模型架構是什麼？哪些是成功的關鍵元素？我有嗎？能做到嗎？

我將它分成三個階段：

1. 發現「**本質** 」，這裡又分成兩個部分：

- 我是誰？我有什麼？我未來希望成為一個怎樣的領導人？這類的主題大家都耳熟能詳，我在這本書裡不再花時間，但是這些問題的答案很重要，就算是給大家自己的作業吧？

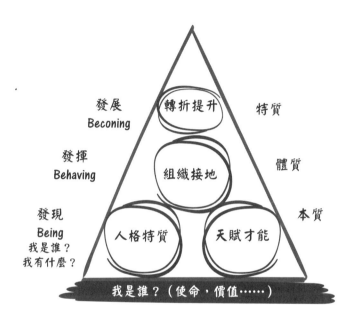

- 我展現出來的人格特質是什麼？它包含三個不同存在
  或是表象的實體：品德、品格和性格。也有專家將性格
  包含到品格的內涵裡，在這個章節裡，我還是將它分開
  以便容易分辨和學習。
- 我的個人優勢（天賦才能）是什麼？這個部分我們會深
  入探討，並提供工具，希望大家能「找到自己」。

  2. 發揮「體質」：找到舞台，發揮自己的本質能量，鍛煉
出自己的體質，這是「建立自己獨特領導力的基礎」；由「本

質的知」走到「經歷出來的有」，鍛煉出來的筋骨體質才是真正的擁有這些能量；在這個階段也是要和組織「接地」和「接軌」的機會，組織文化是塊土地，讓領導力有機會着床生根長成。

3. 發展「特質」：昨日的優勢擋不住明日的趨勢，學習成長和應變的能力是關鍵，這也是傑出領導人必備的能力，面對不同的組織和氛圍，每一個人都有不同的領導力挑戰，你有花時間來自己做「轉型提升」嗎？我在這個部分會針對今日領導人所面對的五個大挑戰以 5C 來詳細解說，希望對大家能有價值；當然還有其他嚴峻的課題在你周圍，只要用「教練式領導力」謙卑學習的態度，你可以從容應付。

針對這個架構，我們來進一步深入探討它的內容，並且釐清我們自己所擁有的，開始一步步建立自己的領導特質。

◆ 品德品格和性格：本質 1

在我自己的認知裡，「品德」是在隱秘處你會怎麼想怎麼做？是你真實的思想和行為表現，「品格則是品德的外顯以及它的表現方式」，它只代表一個人部分的品德，不能代表完全和真實的自己；「人性本善」是我個人心中的堅強信念，我們每一

個人心中都潛藏著「善」的品德，差別在於它外顯的程度和強度以及它的表現方式，我來整合一些前輩專家們所做的一些研究，哪些是人們常外顯也被珍惜的品格呢？這是美國前教育部長班納特在他1993年出版的美德書裡的研究報告：他列出「紀律，熱情，責任，友誼，勇氣，堅毅，誠實，忠誠，信仰」；在《聖經》裡的美德是「仁愛，喜樂，和平，恩慈（Kindness），忍耐，良善，信實，溫柔，節制」。

如果我們將它的內容開展出來，它有更寬廣的含量：

- 誠信：勇氣，明辨，責任，承諾，堅忍。
- 仁愛：溫柔，接納，感恩，關懷，饒恕。
- 溝通：傾聽，對話，同理，正向，合作。
- 謙卑：尊重，認同，不同，包容，知足。
- 信任：信心，信賴，節制，耐心，脆弱。
- 覺察：心思，信仰，疆界，正直，靈魂。
- 紀律：安靜，公平，決定，行動，反思。

我們回歸到領導人的品格，哪些又是關鍵呢？這是另一個角度的清單：「正直，真誠，謙卑，紀律，勇氣，勇於展示脆弱，愛心，值得信賴、責任心、尊重他人，饒恕，喜愛和平、

社會責任。」

　　這些品德（Virtue）我們每一個人都有，這是內駐（Being）的能力，但是在不同的組織或是工作崗位上需要凸顯不同的品格特質，比如說在軍隊裡，「勇氣，紀律，忠誠，信仰」可能要凌駕於其他的內容；在一般的企業組織裡也是一樣，在前線的客戶服務單位和在後方的生產單位，或是做主管和屬下，他們所需要特別凸顯出來的品格也會有所不同；在家裡，為人父母的和做孩子的，他們所需要特別凸顯的品格也會不同。

　　在論及人格特質的同時，我們也需要了解它的陳現方式，我稱它為「性格」（Personality type），MBTI是一個最普遍使用的模型，它深藏在每一個人內心的DNA，大部分是無法更改的，我們可以選擇我們外在行為的陳現方式，就好似一個內向的人，他在面對大庭廣眾時還是可以滔滔不絕暢所欲言，毫不膽怯，但是在內心的深處，他還是有內向人的基本性格；在談論到領導力時，我們不能忽略「性格」的重要性，沒有好或是不好，只是要自我認知，發揮自己的性格優勢。我將MBTI裡的幾個元素簡單的條例出來供大家參考，在上一章我們有提到過，就不再深入闡述。

　　一個受尊敬而且他人願意跟隨的領導人，不只是憑著他

MBTI 性格類型

• E (Extraversion 外向型) 專注外部能量	• I (Intra-version 內向型)： 先思考會怎麼做再問他人
• S (Sensing 感覺型)： 要具體資訊事實	• N (Intuitive 直覺型)： 著重大局和未來可能性
• T (Thinking 思考型)： 邏輯思考和分析	• F (Feeling 情感型) 價值情感個人相關優先
• J (Judging 判斷型)： 有計劃和組織再行動	• P (Perceiving 感知型)： 做事情靈活隨時可改變

做過什麼事或是說過什麼話，更重要的基石是「他是一個怎麼樣的人」，是他真實的內在（Being）以及所表現出來的行為（Behavior）；我們今日面對的主題是「如何建立你個人獨特的領導風格」，我們要安靜下來反思的是：

「我在組織裡，我是誰？我的屬下今日如何描述我的人格特質？我希望未來成為怎樣的一個領導者？我需要凸顯強化哪些品格特質？我的性格是哪一類型？我需要做什麼努力？」

◆ 天賦才能（優勢，恩賜）：本質 2

每一個人都有他自己的天賦才能，如果你有信仰，你會相信神在每一個人身上都有恩賜，它需要靠自己他人或是機會來發掘，什麼是「天賦才能」？就是我們每一個人比較能順手學習

成長的能力，專家告訴我們學習一個專業要一萬個小時以上的歷練，但是某些人的體質就是不太一樣，可以比「一般人」能有更快速的學習和成長能力，好比學習「鋼琴，聲樂，音感，運動，數理分析邏輯，美感，文學氣息，手工，廚藝，…」，我們常說「他有音樂細胞，藝術細胞，運動細胞…」，就是這個意思，它的極致就是所謂的「天才」，這類人不是我們在「天賦才能」裡要討論的範圍，我們要談的你和我所共同有的那部分，那些專業或是行為容易吸引你，讓你有感受感動而願意去參與？那些專業你學習起來特別有熱情更快，能更專注到忘我的境界？作為一個領導人，如何找到自己領導力的天賦才

RAA 時間 ：反思，轉化，行動

- 我在組織裡，我是誰？
- 我的屬下今日如何描述我的個人品格？
- 我希望未來成為怎樣的領導者？
- 我需要突顯強化哪些品格特質？
- 對以上的期待，我還需要做什麼努力？

能（優勢）呢？同時，領導人面對員工也要正視這個面向，將對的人放在對的位置上，才不會浪費組織資源。

在進入下一步專業的討論之前，我再分享一個寓言故事，出自書籍《心靈雞湯》裡的〈動物學校〉。有所學校要舉辦「四鐵比賽」：賽跑，游泳，攀爬，飛翔，四個總成績最高者勝出；報名參加的有兔子，鴨子，猴子和老鷹，有教練在訓練他們，兔子擅長賽跑，但是在其他的項目都很弱；鴨子游泳強，其他都弱；猴子則擅長攀爬，老鷹擅長飛翔；教練希望他們在各自不同的軟弱項目上成長，專心苦練，最後卻是疏忽了自己的強項，都喪失信心，你現在面對這樣的處境嗎？

一個成功的組織裡，領導者最重要的責任就是將對的人放在對的位置上，我們又要如何查驗每一個人的優勢才能呢？

" 優勢領導力 "

管顧公司蓋洛普發展了一套書與工具：《優勢識別器 2.0》（Strength finder 2.0），裡頭定義了三十四種優勢能力，當你買了那本原文書後可以免費的做一次測試，理解你個人的前四大優勢是什麼？然後再以此做個人投入發展，找對舞台，盡情

揮灑的指北針;我個人認為這是一個非常實用的檢測,理解自己的優勢能力,這三十四個優勢分類是(容我用英文來做排列,以免失真。資料來源:Strengths Finder 2.0,中文翻譯由我負文責)

　　在我們需要再加進一個重要的元素:優勢(Strengths),才來回答這個問題。不妨花點時間來定義你自己的前四大優勢吧。

蓋洛普 34 項優勢列表
資料來源:*Strengths-based Leadership*

- Achiever 使命必達者
- Activator 啟動者
- Adaptability 適應力
- Analytical 分析力
- Arranger 組織者
- Belief 信仰堅定
- Command 指揮
- Communication 溝通
- Competition 競爭
- Connectedness 連接
- Consistency 一致性
- Context 總結
- Deliberative 深思熟慮
- Developer 發展者
- Discipline 守紀律
- Empathy 同理
- Focus 專注
- Futuristic 預見未來
- Harmony 和諧
- Ideation 點子
- Includer 包容
- Individualization 個人化
- Input 輸入資訊
- Intellection 思考
- Learner 學習
- Maximizer 追求卓越
- Positivity 正向積極
- Relator 建立關係
- Responsibility 責任
- Restorative 重建
- Self-Assurance 自我肯定
- Significance 意義
- Strategic 策略
- Woo 交遊

你認為你的前四個優勢是什麼呢？不要就給自己貼標籤，而是要回來問自己：

- 這是我嗎？這個資訊對嗎？
- 這不是 0 與 1 的選擇，我還有那些元素也是我的優勢，只是沒有特別凸顯出來的呢？
- 你希望將它們凸顯出來嗎？這些天賦才能，對於我現階段的生命有價值嗎？

我們聽過退休後才開始學畫畫，70 歲以後才成為藝術家的故事，在今日這個社會，Wall street（金錢至上）超越了 Main street（社會價值）， 更超越了 My Street（我的生命道路），待他退休了，才有機會找回自己早日想實現的夢想，好好使用他的天賦才能，希望這段話不是對你說的，我們能及早找到自己的天賦才能，早日讓它見光，發揮出來。

對於一個領導人，哪些領導力是我的優勢？由《Strength-based leadership》這本書，我將它分成「組織運作才能」和「組織人才發展才能」兩個大欄目（見下頁）：

組織運作才能 Running the Operation

資料來源：*Strengths-based Leadership*

執行力 (Executing)

- Achiever 使命必達者
- Arranger 組織者
- Belief 信仰堅定
- Consistency 一致性
- Deliberative 深思熟慮
- Focus 專注
- Responsibility 責任
- Restorative 重建
- Grit 堅毅

策略思考 (Strategic Thinking)

- Analytical 分析力
- Context 總結
- Futuristic 預見未來
- Ideation 點子
- Input 輸入資訊
- Intellection 思考
- Learner 學習
- Strategic 策略

人才組織發展才能 Developing People & Org.

資料來源：*Strengths-based Leadership*

影響力 (Influencing)

- Activator 啟動者
- Command 指揮
- Communication 溝通
- Competition 競爭
- Maximizer 追求卓越
- Self-Assurance 自我肯定
- Significance 意義
- Strategic 策略
- Woo 交遊

關係建立 (Relationship Building)

- Adaptability 適應力
- Connectedness 連接力
- Developer 發展者
- Empathy 同理
- Futuristic 預見未來
- Harmony 和諧
- Includer 包容
- Individualization 個人化
- Positivity 正向積極
- Relator 建立關係

依據我們的研究，領導者有幾種類型，每一個人有可能多重擁有者，並不互相排斥，你擁有哪些特異的能力呢？

- Pioneer（前瞻開創，啟動者）
- Stimulator（戰略啟發，資訊收集者）
- Executor（執行者）
- Connector（建立關係者）
- Equalizer（平衡者）
- Influencer（影響者）
- Provider（夥伴支持者）

◆ 組織接地：體質

在「發現自己的本質」後，再下一步就是如何在你現在的

RAA 時間：反思，轉化，行動

- 身為一個領導者，你的天賦才能是什麼？你如何開展並善用這些優勢？

工作崗位盡情的揮灑？領導力必須和組織「接地，接軌」鍛鍊後才能產生價值。我們曾經談過「環境會改變行為」，領導力是一種的行為，一個有經驗的領導人他知道在不同的場域面對不同的人如何「應變，接軌」，找到自己最合適的舞台再表現出來。

許多空降高層主管為什麼失敗？因為他們在還沒有接地接軌以前先做了一些傷害組織的行動；這些人都有一定的功力，新官上任三把火，第一種人會將這三把火燒向「員工（裁員），節省成本，賣掉資產」；另一種的人會利用這三把火「點亮願景看到機會，建設舞台讓員工發亮，激起員工活力參與改變」，這都是「對－對」的選擇，在那關鍵時刻哪個合適？這則是智慧的選擇。

我常會問教練的高管學員：「你在你現在的工作崗位，發揮出來多少的能力？有多少百分比？」答案總是會讓我吃一驚，如果他們也願意和主管們分享，組織的綜效一定會有非常顯著的提升。

許多人在組織裡「無感，無力」常會說「英雄無用武之地」，這裡會有幾種情境：

- 壓抑型的組織文化，

- 自己的心態問題：只看到「他人有，自己沒有的」而自怨自艾。

身為一個教練，我們要能幫助學員覺察是否為自己心態的偏見，不要只是看到他人有的和自己沒有的，而忽略自己所有的更豐盛，只是不同而已；或是不要為自己的憂懼找藉口，而不敢向前，「知道」但是「做不到」；我發展出來一個個人領導力掃描模型，幫助學員覺察他自己的領導力狀態。

首先列舉出來你所關注的領導力要素，在不同的組織狀態，在不同的階層會有不同的元素，你可以自由修正，左右剛

領導力掃描（樣本）

好是一個對比;比如在某個案例裡,我們較關心的是:

　　管理—領導, 集權—授權,謹慎—冒險,動口—參與,做事—帶人,個人—團隊,細節—大局,遵循—創新。

　　在這張掃瞄圖中:

　　「**目前狀態**」是真誠的描繪出你自己在目前的領導力狀態,在這個個案中,他是偏管理者,集權,謹慎,可是也懂得帶人…。

　　「**組織期待**」在這家企業,很明顯的是要能「管理—領導,集權—授權,謹慎—冒險…」等更均衡;如果再深入些談個案,領導人要查驗現階段組織發展的使命和面對未來的願景,作為一個領導人需要具備哪些能力才能帶引團隊達成使命目標?我來舉一個案例做說明:有一家企業在今年開始面向國際化市場,對於一個內需市場為主的企業領導人他必須要改變,哪些是關鍵的元素?除了品格正直和溝通能力的基本功之外,還有哪些關鍵元素呢?另一家企業的調查案例則可能會是:國際觀思維,包容多元和異見,建立夥伴關係,國際化人才培育。

　　基於這些指標,領導者在性格的成長轉型就是關鍵,不再用下命令式的指揮,多傾聽,接納不同的異見,以夥伴關係而非員工關係來對話…等,這些就成為組織對這個領導人的期待,並不是他那一套不好,而是「面對組織的現況以及未來的發展

所需要的領導力」。類似的轉型案例非常的多，許多的企業由過去的大量生產的製造業開始向客制化服務業轉型，由成本管理型企業走向價值創新企業，這都是組織內部的大改造，高階主管的領導力轉型是關鍵，這是一個著力點。

你願意就這個圖來自己做一次的領導力掃描嗎？就如我剛說的，這些指標可以因為你個人的職務不同，組織階段性使命的不同，組織對領導人的期待會有不同而作修正，不是檢視性的評分，而是對自己的領導力狀態做一次掃描，找出缺口，才能採取行動。

領導力掃描

目前狀態	組織期待
管理	領導
我說了算	分工授權
謹慎	冒險
動口型	參與型
做事	做人
個人	團隊
細節	大局
遵循	創新

不論你的「掃瞄結果」如何,就如我一再提出的問題,「你在你現在的工作崗位,發揮出來多少的能力?有多少%?」如果你寫下來的指標是正確的,那你那兩條曲線間的距離就是我們下一步要考量的行動?先問自己:

- 這些曲線的位置合理嗎?這和我自己的感受有差距嗎?
- 如果我認同,那為什麼會有這些差距呢?
- 哪些是我可以改變的?哪些我需要請求協助,幫助我達標?

RAA 時間:反思,轉化,行動

- 這些曲線的位置合理嗎?
- 這和我自己的感受有差距嗎?如果我認同,那為什麼會有這些差距呢?
- 哪些是我可以改變的?
- 哪些我需要請求協助的?

◆ **轉型提升：如何突出（Stand out）？ 5C 特質**

　　突出不在和他人評比，而是對自己的挑戰，每一個領導人都有他自己的挑戰和困境，你會選擇承受著苦難還是願意突破？我們常說「由外往內是壓力，由內往外是生命力」，你的選擇呢？

　　「昨日的優勢擋不住明日的趨勢」，我來分享五個領導力的大趨勢：我們繼續來邁向另一座高峰，這也是由優秀到卓越的關鍵領導力：

- 情商領導力（Connect to commit：EQ-based Leadership）
- 教練式領導力（Coaching-based leadership）
- 對話力（Communication, Dialogue）
- 「認同，不同」的正向衝突領導力（Constructive confrontation）
- 挑戰力：敢於挑戰，也敢於面對被挑戰（Challenge）

　　1. 情商領導力（Connect to commitment through EQ-based leadership）

　　我曾在 7-11 買了一個咖啡杯，功能設計實用也完美，有個

小手把可以提著走，非常的貼心，它改變我們拿咖啡杯的習慣，當我在享受使用它時，發覺少了一些感覺，一個在使用一般咖啡杯喝咖啡的溫暖感覺，我期待在手握咖啡杯時，可以聞到咖啡香，手心也有溫暖的那份感覺，雖然裡頭都是裝滿了都是相同的咖啡，但是這個「鐵罐子」外部冰冷，讓我感受不到那份「心中期待的香味和溫暖的感覺」，它不再是我放在掌心的咖啡杯，我將它定義為一般的保溫杯了，對它我不再有期待；這是「房子」和「家」的區別，是「人群」和「團隊」的不同感覺，是「管理」和領導」的差別，就是缺少了一份濃濃的「情感連結」。

做一個主管，除了要有足夠的理性和專業，我們是否有那份香氣和溫度來帶引和領導團隊？這好似一部電腦雖然有最新最強的作業系統，但是缺乏 UI（User's interface，使用者界面）或是 APP，還是不能發揮它的最佳功能；這關鍵就是透過情感連結來強化組織內部的凝聚力和承諾，這是情商領導力。

以下是 Hay Group（Haygroup.com）發展出的幾個情商領導力的問題，刊登在 2015 年 6 月號的《哈佛商業評論》，它能幫助我們自己做自我覺察：

請容許我們自己慢慢的讀每一個問題，最好是讀完後暫停一分鐘做個反思，問自己兩個問題，再給自己一個色卡，代表

自己的狀態，（紅：不佳；黃：可以再精進；綠：很不錯，拍拍手）了解在這個主題上，我做得如何？再往上一層樓，我該做什麼？

情商領導力的檢驗表：

- 我理解我現在的心裡感受和它後頭所隱藏的原因嗎？
- 我也能理解他人的經驗如何的影響他們的感受，思想和行為。
- 我理解自己領導能力的優勢和缺點，
- 我能看見他人心中的美意和善意，
- 我期待一個美好的未來，
- 我能清楚描述自己的感受，而不只是停留在簡單的「快樂，生氣，憂愁」的字眼。
- 我能管理自己的壓力，
- 我看見和專注在機會，而不是只見困難而寸步難行或是不斷的抱怨，
- 我冷靜的面對壓力，
- 我看見希望，
- 我能管控我的情緒波動，
- 面對挑戰的情境，我樂觀以對，

- 我有耐心，
- 我嘗試努力去理解為什麼他人會這樣做，
- 我可以應付多重甚至是互相衝突的需求，
- 我願意去理解他人的觀點，甚至明知他們的看法與我不同，
- 我有彈性的來面對外在無預期的變化，
- 我能理解壓力如何影響我的情緒和行為，
- 當外在環境改變時，我能快速調整我自己的目標，
- 我能描述我當下的情緒，
- 我能快速的改變我的優先次序，
- 因為好奇心，我更願意專注的傾聽他人的看法，
- 我努力的去理解他人心中的感受，
- 當外在環境在改變時，我能快速適應，

在這裡我們不是做測試，這是一些指標也是一面鏡子，幫助我們做自我反思。

情商領導力專注在幾個方面做自我覺察，目的是「建立同理心，更有效的溝通和同儕關係的建設」，對準幾個關鍵的著力點：

- 對自我情緒的覺察，
- 正向積極的態度面向未來，
- 自我的情緒管理，
- 應變力，
- 同理心。

　　一般人「容易批判他人的行為，但是只能覺察自己的動機」；但一個卓越領導人的特質是「**能覺察自己動機之外的外在行為，並且也願意理解他人行為下所隱藏的動機**」，他知道「一個主管的善意（動機）對於他人不一定有價值」，除非這是員工所需要的或是想要的，這才是有溫度的領導。

　　有家企業的激勵機制是「一個有價值的提案打一個卡」，累積 10 個可以領取獎金一千元，你聽了感受如何？這好似沒有溫度的咖啡杯一樣，有一本書叫做《別讓改變擦身而過，領導就在短暫互動中》（Touch Point），作者是一間美國上市公司的總裁，他喜歡用卡片來及時對員工的善意或是貢獻表示感謝，組織團隊間流蕩著這份濃濃的感激情懷，這就是溫度；溫度要靠人和人間的導體來傳遞，一張有感恩的卡片，一個問候，一個故事，一個走廊上的簡單對話都是傳達溫度的導體，在這種對話和連結裡產生感動，能強化對組織的承諾與真精神。

曾有一位國外企業總裁請我做他的教練，他期待被改變的主題是「情緒管理」，他很容易生氣，開會生氣，看電子郵件也生氣，有一次我請他給一個案例，他說「這個員工應該被開除，你看，他給我的郵件裡沒有稱呼我（尊稱），就直接談事情」，他很容易被冒犯，在經歷幾個月教練式的對話，也用 Hayes 的檢驗問句幫助他做個人的反思，他也願意調整他的心思意念，並且採取行動，特別在「勇氣，謙卑，紀律和展示脆弱」這些方面，在教練流程的設計裡，我要求他定期的以謙卑的態度和他直屬的主管們問兩個基本問題「你覺得我過去這段日子在情緒管理這個主題上有進步嗎？你覺得我在那些地方可以做得更好？」用謙卑的心情來和團隊成員對話和連結，他贏回了員工的尊敬，慢慢的他不再生氣了，也堅固了他的領導力，團隊績效明顯提升。

" 一首歌：員工的承諾度 "

在企業裡，我們都經歷過唱同一首歌的日子，主管們不斷的告訴我們「組織的願景，使命和目標」，激勵我們勇敢向前行，許多的胡蘿蔔掛在前頭；但是有許多員工卻是「視而不見」，「上班一條蟲，下班一條龍」，員工的需求有誰知呢？

有許多組織文化不強調員工和主管間的關係，只有工作關係，甚至還有人問我「主管和員工該保持多遠的距離？」在第二章我們有提過組織最佳的承諾是個

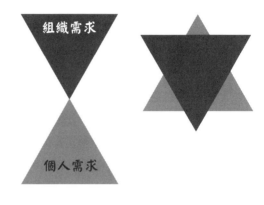

人的目標和組織的目標能契合，才會有最高的綜效，如何找對的人上車？這是關鍵點。

" 教練式領導力（Coaching-based leadership）"

在介紹教練領導力課程裡，我都會請學員在課前先看完一段短片：〈How coaching works〉。我在此也邀請你暫停一下，看完這個短片再回來繼續讀，好嗎？

如果你對這個主題有興趣做更深入的探討，你也可以參考我之前出版的兩本書：

《幫員工自己變優秀的神奇領導者》、《幫主管自己變優秀的神奇對話》。

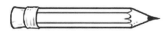

RAA 時間：反思，轉化，行動

- 在 How Coaching Works 這部影片裡，你看到員工有哪些行為是可以學習的呢？
- 教練型主管的角色是什麼呢？
- 你自己個人的感動和學習是什麼呢？
- 這種的領導風格合適於你嗎？
- 你願意學習嗎？

" 對話力（Communication，Dialogue）"

對話力不是一般的溝通課，對於有經驗的你，我們要再提升到另一個層級。

這不再是指如何表達，而是如何傾聽和對話，建立一個正向的對話氛圍，一個高階主管告訴我說「他領受到最大的讚美是當總經理或是董事長安靜專注的聽我說完」，就是這麼簡單。我們常提「開門政策」鼓勵員工可以直接找主管商量事情，但是我們也常常忘了「主管傾聽的態度會決定員工分享的深度」，如何傾聽，如何讓對方願意說出自己心裡的話，說出自己的感受和需求，這就是教練的溝通力，就是「對話力（Dialogue）」。

對話力有幾個大原則：

- 由權力寶座下來，放下權力，平等尊重，
- 釐清假設，
- 同理傾聽，
- 勇於探詢，
- 陳述主張，
- 覺察分辨，
- 接納而不批判，

對話力的四個面向：ECFA

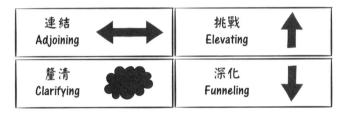

- 敢於同意所不同意的。

我個人也常持守 COAL 的心境來對話：

- Curiosity 好奇的探詢
- Openness 開放的心境
- Acceptance 接納而不批判
- Love & Learn 愛心，學習

不過，想要開啟建設性的對話，剛才說的好奇心是一個重點，它還可以開展出四個面向：

- 釐清：只是好奇，問什麼你怎麼說呢？你是怎麼的思考的呢？

- 深化：你可以再多告訴我一些嗎？
- 連結：如果我聽得沒有錯的話，這件事和另一件事會有相關，對嗎？
- 挑戰：下一步你會怎麼做呢？

◆ 同理式對話 （Empathetic dialogue）

在本系列第一本書：《我們憑什麼信任？》裡，曾提到這句話：「我不會關心你有多麼能幹，直到我理解你對我有多關心。」一個人如何展現對他人的關心呢？同理式的對話是一個非常有效的工具，對於領導人特別重要，這開啟於「你傾聽的態度決定對方分享的深度」，在「非暴力溝通」這本書裡就清楚的介紹了這個流程，我在本書使用「同理式對話」，而非「非暴力溝通」，它更能呈現這個溝通的本質。

「同理式對話」是溝通的最高境界，以同理心來理解對方的「感受，需要，請求」，也清楚的理解對方的「感受，需要和請求」，「同理對話」談的是雙方的「覺察，感受，期待（請求）」，這是更深處的傾聽和對話，進入人最私秘密的領域，也是最容易受傷的領域。除非有強力的認同或是信任做後盾，否則不容易做到。

為什麼要晉升到「同理」這個層級？因為我們每一個心中

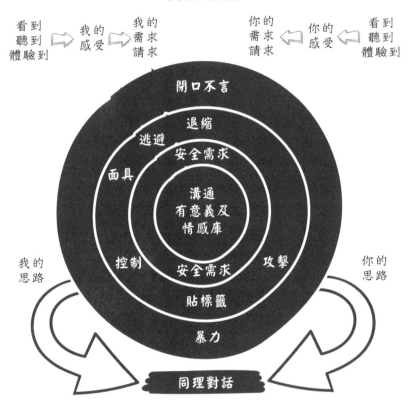

同理式對話

都有一個小小孩，我們反對權威反對壓力和暴力，我們反對別
人給我們的指示……，可是我們不輕易說出來，無形的就是「對
抗衝突」用不同的方式表現出來，可以是「不理睬，逃避，或

是有聽沒有到，甚或情緒和言語的對抗…」，這是同理心的具體實踐，「Empathy accuracy（精確的同理）& Empathy compassion（憐憫同理）」就會大大打折，這個談話技巧非常有價值，這大大提升對話的品質和結果，也是傑出領導人的能力。

在對話的過程中，我們不只要關心他說什麼（內容）？現在更重要的是要關心他的語調（Tone）和情感（Emotion），說話的速度（Pace）和他的身體語言（Body language），是否還有「說不出口的話」？在這「同理式對話」過程中，我們要能成為對方的鏡子，透過覺察來釐清對方的「感受，需求，請求」，當你能「讀」出他隱藏在心中的「心思意念」時，這份「知我」的觸動會是建立信任和領導力的關鍵元素。

有一位高績效的總經理被董事長認為太保守，期待教練來幫助他「開竅」，當我們第一次見面時，他說「我是思考型，常想太多，希望能面面俱到；同時我認為老闆很忙，所以不會常去打擾他，除非有必要。」他所定義必要去找老闆的時刻是「將案子想好了」，結果老闆只能蓋章支持，沒有討論的空間，所以在蓋章的同時，也蓋了一個「太保守」的章。你會如何來解呢？你如何幫助這位總經理理解他老闆的感受是什麼嗎？董

事長需要什麼呢？董事長期待這位總經理如何和他互動呢？

" 具有「認同並尊重不同」的「建設性衝突」領導力 "

有些書將這個標題寫為「內部辯論的啟動者（Debate Maker）」，它的精髓在於破除「一言堂」，領導人有責任建立一個「多元多觀點」的組織文化，允許在組織內部做討論甚至是辯論碰撞，這是創新的開始，在對話中或是被挑戰時參與的人常常有機會釋放潛能，這是組織所需的養分，但是最重要的是最後還是要做決策，大家要有「我不同意你的觀點但是我支持組織決策（Agree to disagreement）」的胸懷，一齊實踐同一個目標。

作為一個領導人，每一天我們要面對許許多多的衝突，這裡說的衝突不是火爆的對抗，而是「不同的觀點和看法」，是「異見」，一個成熟組織會具有「在認同中尊重不同」的文化；我喜歡觀察老闆們如何開會來體驗不同的企業文化，曾經有一個總經理非常得意的告訴我說「我開會非常有效率，30 分鐘開完一個會」，我有機會坐進他的會議室做個旁聽者，會後我問他「你覺得如何？」， 他說「我們完全遵守如何開有效會議的要求，我感覺非常的棒！」，我回饋給他說「我觀察到你在指

揮交通，你認同嗎？ 你在會議裡有絕對的權威，做個組織內的協調者，非常的結果導向，大家都聽你的；敢問這是你要的團隊氛圍嗎？」他理解我的意思，沉默不語了許久。

在一個高度權威的團隊裡，可能來自權柄，職位，年資，影響力或是高度的專業，都會大大的影響其他團隊成員表達自己異見的意願，這對組織是損失，甚至會產生悲劇；一架亞洲航空公司的飛機發生飛航事故，最後調查黑盒子發現，副機師已經發現問題，可是他「認為」正機師有足夠的飛行經驗，他「應該」知道如何處理，懼於權威和資深，副機師沒有及時報告，最後整架飛機迫降沉入海中。

今日企業的經營環境瞬息萬變，是否需要讓所有的員工參與，提供各方面的訊息，而不是老闆英明，老闆說了算「一言堂」的管理文化？

一個健康的組織是在「認同」前，要開啟「尊重不同」的門戶，讓員工的意見自由飛翔，會有點雜音，但是在這瞬息萬變的經營環境裡，與其主管整天在電腦前讀報告，更重要的是理解外在市場的脈搏，理解可能不可期待的訊號才能做出好的決策。在這「認同，不同」的文化建設過程中，最後有一個關鍵文化不可少，否則就太過發散而無法成隊了，這個關鍵文化是「支持你所不認同的（Agree to disagreement）決策」，這

是「不同，包容，合一」的團隊文化，意思是說在溝通的過程中可以發散，大鳴大放，大家的意見都要被尊重，可是在主管綜合所有的資訊和組織給予的使命目標後而做了決定以後，所有的員工都要支持，出了會議室門後不再有異議，這是「教練式領導力」的最關鍵的「團隊合一精神」，領導人的責任不是來取悅每一個人，而是帶引團隊達成使命和目標，在「多元和包容」基礎上要能再帶引團隊走上一個台階「多元，包容，合一」。

當然領導人決策後的溝通還是非常的重要，不是只是「宣導」是怎麼樣的決策，而是讓員工理解「為什麼做這個決策？」並且謙卑的尋求支持；讓參與的員工個人和意見受尊重，沒有驚嚇（no surprise）口服心服的支持，也讓他們體驗到「大眾參與」的價值。

" 多元文化的磨合：在「認同」中創造「差異」的價值 "

一位國際企業的CDO（多元文化長）也是我的美國教練朋友曾告訴我「多元文化是今日企業最具潛力的資源」；IBM 在 1990 年代中期在企業內設計了八個跨文化的特殊工作小組，以性別，種族，性向，教育…等分組，討論的主題是「如何在多

元文化的團隊裡提高生產力？面對這些多元文化的客戶市場，我們如何開展市場會更有效？」這是在教室外的另一堂利基市場課，後來績效卓著。

百事可樂也採取過類似的行動，它建立一個特殊社群PAN（Pepsico Asian Network），將員工和商業夥伴連結，定義出產品口味，市場營銷的策略……等。

這些案例都收錄在一本商業書叫：《新型職場：超多元部屬時代的跨差異人際領導風格》（FLEX：The new playbook for managing across differences）。這本書談的多元文化領導能力在現今非常關鍵，具有這種能力的人是「通曉型領導人」。

許多企業懂得要讓看得見的高牆倒下，但卻少有企業懂得如何讓看不見的（心理）高牆倒下，這些「看不見的牆」在《新型職場》一書中稱為「心理鴻溝」，因素包含權力階梯，文化，性別，種族，代溝，宗教，教育，年紀，經驗，個性…等。

教練們常在談「同理心」，站在對方的立場來思考，只是站在他人面前，我們真正有理解對方嗎？要由哪個角度來同理？況且我們常用行為來觀察他人，但是卻用動機來審查自己，我們都有盲點，我們會用不同的鏡頭來看自己和觀察他人；同理是建立人際關係的基礎，更是建造合力共創活力團隊的基石，我們該如何來著力？「通曉型領導人」必備的能力和共通的特

徵正提供了我們想要的答案：

- 調適自己後，才展現自己的優勢風格。
- 對模糊和複雜的情境能自在的相處。
- 無條件的正面關懷。
- 願意跨越權力鴻溝。
- 敢於展示自己的脆弱。

想要縮短心理鴻溝，還有幾個關鍵能力得具備：
Awareness（感知力），Acknowledgement（理解力），
Acceptance（接納心）， Adaption（適應力）， Leverage
（利用優勢）， Optimization（優化力）。《新型職場》一書
中舉出好多的案例，這些案例也在我們身旁隨處可見，只是我
們沒有感知到罷了。

我再來舉出幾個我們身邊的例子，有批外國人（也許就是
你我）到中國大企業參訪，他們提出許多的合作建議案，在最
後，中國老總說，「非常的好，我們會研究研究」，老外聽了
好有成就感，客人要研究研究，但是「中國通」們會知道，這
就是「不」的意思啦，這是文化的差異；一批人到印度外包的
廠商拜訪，檢查他們的進度，印度主管說「我們忙翻了，我們

盡力而為來配合你需求的進度」， 你可以預測這個項目的進度應該是落後了，這是文化差異；我們常聽到「盡力而為」的承諾，基本上它沒有承諾。

除了心理鴻溝，突破世代壁壘也是現代主管必修的顯學。以台灣的工作世代為例：「三至四年級生」重年資和權威，「五至六年級生」希望他們的意見有被聽到，「七、八」年級生則期待說真話，動機好，用理性來說服他們，而不是被權力壓制。

在高成長高風險高報酬的環境裡，領導者不免會偏向聘用和晉升和自己屬性相近的人，相對的較容易融入企業，但是這也是企業最大的風險，它的單一性會失去許多舒適區外的成長機會，它最大的挑戰是可能沒有能力和氛圍來培育支持價值和成長動力不同的高潛力人才。未來最珍貴的人才，可能在那些「不尋常，聲音小，不像自己」的場域，多元磨合的能力將是企業下一波的競爭力，在組織裡需要有 D&I （Diversity & Inclusion，多元不同和包容）的團隊文化氛圍時，你和你的企業預備好了沒？

"自然探索（Natural quest）"

我有一門「自然探索」課是帶著學員們到野外上課，其中

有一節課兩個小時是「放牛吃草」，要學員們個人找一個安靜的地方，坐下來，開啟你的五感來觀察和感受你身邊的一事一物，再回來分享你個人的所見所聞，並且我給他們一個挑戰：「如何和自己的工作內容相連結，如何轉化和應用呢？」

他們平常都是大忙人，許多是「快準狠」的事業經營者，這次難得被逼著安靜下來，聞花香聽鳥鳴；其中一個學員以驚奇的眼光告訴我們「以前我以為這些花的葉子都是綠色的，可是今天靜下來，我將葉子翻轉過來，發現它後面是紅色的！這太驚奇了！」我問他「那你向大自然學到什麼？你會如何使用到你的企業經營呢？」，他沉思了一會兒後告訴我「不要只是看外表的行為，要進一層了解它後頭的動機，要親自深入翻轉才看得到。」我問他會採取什麼不同的做法？他說「我不能只在辦公室裡看報告，要走出去和員工客戶聊聊，多問問題多傾聽，了解他們需求後面的動機」，他開始了「走動式和教練式領導」的個人風格。

在華人的組織裡常有「以和為貴」的氛圍，許多有經驗或是有智慧的員工就非常的善於揣摩老闆的意向，只說老闆喜歡聽的話，只報喜不報憂，一片天下太平的假象，只有淺層的認同，沒有經歷過「不同」的挑戰，更不懂得如何「尊重不同」，憂患

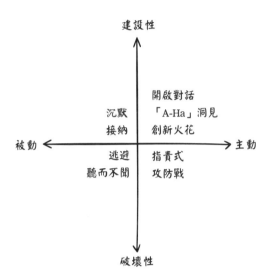

來臨時，兵敗如山倒，這就是管理學人柯林斯（Jim Collins）在他的書《為什麼傑出企業會失敗？》（How the mighty fall）所總結的；如何喚醒這些高階主管們做改變？「知識型的教導」做不到，唯有經歷「自我的喚醒」和「體驗」才能實現，也才能體現「尊重不同」的真價值。

但是，如何讓員工很坦然的表達和面對不同的「異見」？它的基礎是企業文化，其次是建立在每一個人面對它的心態，就如上圖所展示的，如果是你主動提出，也是建設性的「異見」，那可能引發一場建設性的對話，它會帶來洞見和創新的火花；相對的，如果你是主動提出，但是是用負向破壞式找碴式的態

度或是語言，那會是一場指責式的攻防戰；如果你是被動的被告知，但是對方是出於善意，許多人的態度就是「沉默式的接納」，成熟的人會說一聲謝謝； 最後一個可能是自己被動的牽涉到一個對方採取破壞式找碴式態度的情境，我們的自然反應就是逃避，或是「聽而不聞」。

這些戲碼每天都在會議桌上重複的演出著，作為一個員工或是主管，你會怎麼選擇下一場的對話呢？

◆ **案例：如何開啟一場建設性衝突式的對話**

氛圍

主管：不要讓我生氣，我說了算。

員工：我有話要說，請聽我說完。

對話

- 我們的主題是什麼呢？我們要共同達成是目標是什麼？（釐清）

- 你能再告訴我一次你的看法嗎？（陳述）

- 只是好奇你為什麼會有這個看法呢？（探詢）

- 現在我能理解你的看法，我有一個不同觀點的看法，你願意聽聽嗎？（陳述）

- 除此之外，我們還有其他可能的選擇嗎？（選項）

這場衝突性的對話有幾個特色：

- 必須雙方不動怒，要安靜理性，否則無法成局。
- 要有一方先釋出善意，再看對方的回應，開啟這場對話。
- 如果雙方有心處理差異，但是一方還有怒氣，則要先離開現場，待會兒再回來。
- 如果有個第三者在場，可以喊「暫停」的動作，讓對抗的氛圍減低，善意的氛圍加增。

◆ 績效考核（PA：Performance Appraisal）

在組織裡，績效考核是主管無法逃避的責任，你如何來開啟並轉化成為建設性的對話呢？在 PA 的表格裡，有一個欄目是「Area to improve（如何改善？）」如何將批判式（或是破壞找碴式）的攻防戰話語改變為主動建設性的對話呢？有些組織了解到它的重要性，而將表格改成「Area to grow（如何成長？）」，這個變化讓績效考核更具建設性，對話更有效益了。

◆ 高活力團隊的建造： 經歷衝擊期

組織發展成熟需要經歷幾個階段：

- 建造期，

- 衝擊期，

- 正常發展期。

- 績效期，

　　沒有經歷過衝擊期的企業，好似沒有經歷過失敗的人並不算完全成功，唯有經歷過衝擊，有多元異見（Diversity）表達的氛圍，能有合一（Unity）的認同和決定，合一不是齊一（Uniformity），在尋求「合一」的過程中會有正向的意見辨證和衝擊，它更能完全激發出隱藏在團隊成員每一個人心理底層的能量，我們常說「不打不相識」，這樣才能深一層的互相認識，而不是停留在「相敬如賓」或是「相敬如冰」的狀態；唯有經歷過建設性的衝突和對話，最後達成的「合一」才能踏進真正的承諾和信賴，團隊合作共創的潛能才會湧泉而出，績效就是它的果實。為了要達成這些果效，哪些是必要的元素呢？

- 團隊內需要建立「信任，尊重，欣賞，有價值」的氛圍，這是組織裡「多元和包容，認同於不同」（Diversity & Inclusion）的文化根基。有了這個基礎之後，才能邁向「多元異見和合一（Diversity & Unity）」的另一個

里程，在這個階段會有衝擊，信任和包容是關鍵元素。

- COAL（Curiosity to ask， openness to listen， Appreciation， Learn to grow）好奇心的問，開放心來傾聽， 感激和欣賞，學習成長；這是組織文化展現出來的氛圍。

- 正向性衝突和對話（Constructive confrontation）： 對事不對人，只說正向的話語，大家面對目標解決問題開展機會。

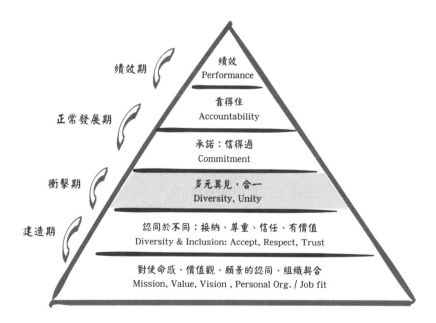

" 挑戰力：敢於挑戰，也敢於面對被挑戰 "

　　沒有經歷過高度挑戰的人還不知道自己有多少能耐。
（You don't know how capable you are until you are fully
tested．）

　　挑戰不是給予他人壓力（Pressure），它是雙方共同認同
下所建立的張力（Tension），一個沒有張力的組織就是活在舒
適區，不會有進步成長；壓力和張力有什麼不同呢？壓力是由
上而下給予的指令，讓承受方沒有選擇或是拒絕的權力，它是
被動的行為；張力則不同，它的動機是激勵自己或是組織內的
夥伴選擇一個更高的目標，自己同意附上代價離開舒適區，自
己承擔責任，有熱情而且願意堅忍的走上自己所選擇的道路，
會有痛，但是告訴自己值得，這是我的選擇，當目標實現時的成
就感也是最高；持續性的壓力會讓人爆肝，張力則是走在自己
選擇的道路上，喜樂幸福；張力來自於挑戰，對自己的挑戰，
對他人的挑戰，這是主管重要的責任之一，也是達成高績效目
標的重要領導能力。

- 　敢於挑戰，也敢於面對被挑戰，這不是華人的文化，特
  別是在公開的場合，我們喜歡「以和為貴」，挑戰不是

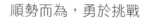

順勢而為，勇於挑戰

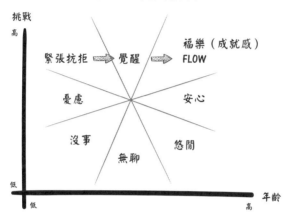

挑毛病，而是激發潛能，邁向巔峰；一個人的成就感來
自「達成被挑戰過的目標」，而不是一般所說的「達成
目標」，我們來看一個非常著名的「Flow」法則，這
個詞有人翻譯成「福樂」「心流」 或是「幸福感」，
我個人覺得它們都無法表達它的真義，在本書裡我就
不翻譯了，還是保存它外來語的原汁原味。

當我們面對的目標是超越我們的舒適區，有高度有難度
時，我們的潛能才被激發，走過覺醒，開始進入 Flow 的境界，
美國最精銳的海豹部隊 (Seal) 就是用這個心法來歷練所有的成

員，不斷的給予極境挑戰，鍛煉出來堅毅的心靈，也交出傲人的成績。

在專門研究和培訓美國海豹部隊的一群專家們寫了一本書《超人如何成長》（The rise of superman），他們的報告裡寫著：「當 Flow 發生時，人們可以減少至少一半的時間和磨練成為行業專家，他們的績效會超越正常人表現的五倍有餘，在那當下他們是世界上最快樂的人」，當領導人在追求高績效成長時，你會嚮往這個境界嗎？

◆ 如何給予員工挑戰

沒有給員工挑戰的主管「失職」，是「爛好人」但是不會培育出有戰鬥力和活力的團隊，「福樂 (Flow)」的來源在於挑戰，挑戰有兩個層面：第一個是問「為什麼我們決定這樣做？」，這是安全牌，深入問員工所已知的領域；第二個問題才是挑戰「為什麼不 (Why not) 考慮其他的選擇？」這是挑戰員工不知的領域，帶引團隊探索「未知（Not knowing）」的疆界，這會是成就感的來源。

挑戰和找碴是一牆之隔，這是主管的態度和員工的接受心態問題，「信任」是基礎；其次要的是一個平等對話的心態和環境，不是影響力式的對話，更不是「主管意志力貫徹」壓力

PAC 模型

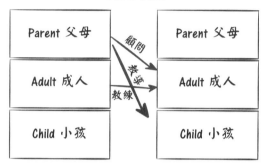

式的對話，而是主管願意由他自己高高的權力寶座下來和員工平等的對話，這是一個最常見的「PAC 模型」，主管和員工要由 P-C 的對話角色調整為 A-A(Adult － Adult) 的角色，這才能開啟一場對話，對話力的幾個關鍵能力是「平等尊重，釐清假設，同理傾聽，勇於探詢，陳述主張，覺察分辨，接納不批判，勇於說出所不同意的異見」，這是第二步。

有了這些基礎後，主管就可以開啟「挑戰式」的對話了，如何開啟這場對話呢？以下是一個參考的對話案例：

員工：老闆，你信任我，對於這個專案我會盡力而為。
主管：你的能力我信得過， 我能利用這個機會和你談談上次那個專案你個人的學習是什麼嗎？我覺得你在那個案子

做得非常的好。

　　員工：好啊，

　　主管：你上次的學習心得是什麼呢？

　　員工：…

　　主管：非常好，這代表你有用心，這一次你會有什麼不同的做法呢？

　　員工：…

　　主管：這些想法都很不錯，你能告訴我為什麼這樣想呢(Why)? 你有考慮過其他的可能嗎(Why not)？

　　員工：…

　　主管：你願意接受我給你一個挑戰嗎？

　　員工：Yes，Sir.

　　主管：…

一場挑戰性的對話有幾個特色：

1. 先肯定對方，這是「高峰體驗」，

2. 由「學習」出發：成功是學習，經歷挫折時更是學習，這是態度。

3. 提出「挑戰」的要求時，需要對方的接受，這挑戰才能成立。

4. 提出挑戰的目標或是讓對方有選擇的挑戰目標。

"歷練出來的新世代領導力"

教練式領導力所強調的，不再是個人的魅力，而是靠經驗和歷練，以「勇氣，謙卑，紀律，勇於展示自己的脆弱」的人格特質，以「虛己，樹人」的心志來引導和教練他的團隊成員，不會只專注在百分之二十的精英團隊，而是一視同仁，因才施教，這是真正的學習型組織，這也才是新世代的領導者。

它有幾個關鍵的特質和行動，我們來做個總結：

- 帶頭領導建立團隊文化 (Role model)，成為團隊成員學習的榜樣，說到做到。
- 邀請對的人上車，也敢於說出真實的話，讓不合適的人下車，這是真誠領導的一部分。
- 建立一個 A-A (Adult-Adult)「成人對成人」間的對話環境和安全氛圍，可以公開和老闆同事或是團隊成員談論問題，而不需「黑箱作業」，大原則是一切都是為公司好。
- 所有的事都是為創造公司和客戶的價值，每一個員工

都應該理解組織的價值創造模式，而且知道自己如何
參與，對組織和客戶才最有價值。

- 理解組織對績效的期待，而且知道自己或是團隊
  如 何 開 展。（Result expected， Development
  required），敢於提出挑戰並做出關鍵決策（Tough
  decision）

- 有定期的「前瞻（Feed-forward）」性對話，只問四
  個問題：你覺得哪些事我們可以不做（Stop），哪些
  事要開始做（Start）？哪些事繼續做（Continue）？
  什麼時候開始做？

我的領導力狀態掃描

目前狀態	優勢領導	組織期待
管理		領導
我說了算		分工授權
謹慎		冒險
動口型		參與型
做事		做人
個人		團隊
細節		大局
遵循		創新

◆ 領導力掃描：優勢領導

在結束這個主題前，我們再來回顧我們先前所作的領導力掃描，除了原來的「目前狀態」和「組織期待」之外，我們再加進「優勢領導」這個元素，如果個人能再精進，有這些優勢和加增長成的這些新能量，你認為你個人會有什麼不同？在這些差距裡，哪些是關鍵的行動？

5 章

領導風範 Executive Presence

輕財足以聚人，律己足以服人，量寬足以得人，
身先得以率人
—曾國藩

" 感動領導：由感受感動到行動 "

在 2016 年 4 月份的《哈佛商業評論》有篇文章談到「CEO 50 強」有什麼共同的特質，大致的結論是：

1. 不會輕易受人或環境影響的獨立性格。
2. 對自認正確的方向有自信會有所堅持。
3. 讓人願意追隨的人格。
4. 擁有產業所需的「技能組合」，而不只有專才。

談到領導人的自信和堅持，我要介紹一個非常傑出的案例是《金融時報》（ Financial Times, FT ）的轉型。在「電子媒體」浪潮的席捲下，許多印刷媒體會毀在這關鍵時刻的轉型，但是 FT 成功了，這得力於他領導人的堅持，他說「在這關鍵時刻，我認為領導人必須展示勇氣，帶引員工敢於邁向未知，在不確定中成長茁壯，這是態度問題；我會廣納建言，而且在策略或是重要的議題尋求建議，一旦做好決定後，我會展現自信，包括我的身體語言，這點在這不確定的時刻尤其重要，最後才是敢於面對困難並承擔責任，直到達成目標為止。」

在許多的公開場合，我常會問：「你對哪一種領導人印象最深刻？哪種領導人最容易吸引你的注意？」這個答案不難，

也容易得到共識。但當我繼續問第二個問題「**哪一種領導人你會願意跟隨？**」時，大家都會沉思好久好久。

前者是我們所熟悉的「魅力型領導人」，他的外表，肢體語言，說出的訊息常常鏗鏘有力，會深深的感動並激動我們，會深深的「吸引」我們，但是會眾「不需要採取行動」，好似在演唱會舞台上歌星和台下聽眾粉絲間的關係一樣。後者則在感動激動後需要進入深一層的「信任」最後並需要做決定「投入行動，並作出承諾」；這好似預備進入婚姻的男女，在那「關鍵時刻」說出「Yes, I do」時的心情和感覺，這是一個「投入和跟隨」的承諾。

在幫助領導人建立他個人獨特的領導風格之後，我們要繼續幫助領導人邁入最高的台階「**領導風範**」，不只要有「實力」也要有「影響力」，不只要「吸引力」更要願意「跟隨」，這是「感動領導」；他們帶引團隊走過由「感動到行動」的那最後一里路，特別是在面對高度挑戰的關鍵時刻。

我們都不缺知識，我們所需要的是一股感動的力量，催逼這我們往前行。如何能做到呢？「風範領導」就是答案。

我先來分享幾個我們身邊常見的領導案例：

換軌型戰將

　　林副總在創業期就加入公司了，算是黨國元老級人物，他一向負責技術研發，在這個行業裡他是頂尖人物，目前研發部已經有年輕人接班當頭了，老闆希望他能再創高峰，帶領一個新創事業部開拓新市場；老闆也為他請了一位外部教練來協助他「換軌」。

　　對於一個研發老將，邁入一個嶄新的領域，好似「小白兔誤入叢林」，在第一次的訪談裡，他覺察到面前嚴峻的挑戰，一方面是「經營力」另一方面則是「領導力」，他以前在研發部門扮演的角色是「老師傅」，但是在現在面對的這兩方面他都是新手。他智力很強，什麼事也都可以分析得頭頭是道，人很謙卑和溫暖，但是面對不確定的市場和面對不同的人，他幾乎無法拿定主意做決定，這不是他的專長，幾乎失掉信心，他問教練「我該怎麼辦？」，我訪談了他的屬下，總結是「一團亂，沒有方向，沒有策略，沒有資源…只有數字管理和技術的談論」，這種新手主管你願意跟隨嗎？

最受歡迎的主管

　　張副總是公司裡最受歡迎的人物了，他對每一個人都非常好，笑臉常開不得罪人，在臉書裡粉絲無數，常常發一些激勵性的個人經驗分享文章或是演講的內容，這些都是被大量被轉

載，也是雜誌常邀約的講師。他非常重視自己的形象，在每一次上台或是開會前都會刻意到洗手間梳理他的頭髮和衣著；他做事只找重點做，說明白些就是找對他有利的重點做，特別是他老闆所重視的事，而不一定是組織中長期發展或是員工所重視的事；他做什麼好事或是去哪裡演講都會公告週知，外部演講也不忘拍照留念，順便放在臉書上；但是他的單位績效平平，他的老闆也很納悶，為什麼一個這麼受歡迎的人，他團隊的績效怎麼上不來呢？我是他的個人教練，最初訪談了他幾位重要幹部，總結只有這幾句話：「自我感覺良好，自我中心，這個工作對他是個踏板，為的是踏上自己的下一個位置，一將功成萬骨枯，老是搶我們的功勞，我心裡不欣賞。」他的屬下個個叫苦連天，這種「非常有魅力」的主管你願意跟隨嗎？

獨善其身的專業經理人

蔡協理是一位在跨國企業擔任產品策略和組織運營的一把手，海外學成歸國後在這家組織已經超過 20 個年頭，組織各樣的狀況都是駕輕就熟，是一個合適再往上一層樓的人選；他內向沉穩負責任；當提升的機會來臨時，他是最優先的人選，組織也找來一位外部教練來幫助他「預備接班」，當為他做第一次 360 度訪談時，教練對他同事的訪談總結是：「他能力很強，

但是我們沒有個人交情,他不是我的朋友,我不會跟隨他。」這使我想到一句那句名言:「我不在意他有多能幹,除非我知道他對我有多在意」,這種沒有魅力的主管你願意跟隨嗎?

" 具「領導風範」領導人的特質 "

在看完上面的三個個案,如果你有選擇,你會願意跟隨嗎?如果願意,為什麼?如果不願意,又為什麼?我們也同時再回來問自己這個問題:「哪種領導人我願意跟隨?」他們有什麼特質?你如果是領導人,你是哪種人?

◆ 由感受到感動

在多次的課程裡,學員們的反應都是非常的相似,人們所願意跟隨的領導人給人的感受是:

我願意跟隨的領導特質:

- 溫暖，安全，
- 説話算話，我信任他，
- 真誠，我常被感動，
- 我尊敬他，
- 我知道他會關心我的需要，
- 我願意參與他的團隊，我看到未來的希望，
- 他不是只會説「Go，Go，Go」的人，而是會捲起袖子説「Let's go」一起「合力共創」的人
- 成熟而不情緒化
- 大器有格局，談策略和遠見，讓我看到機會，
- 正向積極的能量
- 敢於做決策，承擔責任
- 我知道他心中的「我們」大於「我」

這種領導人的共同行為特質是：

- 對自己有信心，坦誠，開放，
- 給人信心和力量，
- 邀請我們的參與，
- 開放的心態，也傾聽我們的不同看法，

- 來自思路而非權力的影響力,

- 不斷的互動對話,交流思想和建立關係,

　　你個人認同這些元素嗎?一個受尊敬而且他人願意跟隨的領導人,不只是憑著他做過什麼事或是說過什麼話,更重要的是「他是一個怎麼樣的人」,是他真實的內在(Being)以及所表現出來的行為, 一個領袖的領導力即起始於這個「身份的認同」(品德和品格);其次對自己的「使命感,價值觀和願景」的清晰和堅毅程度也是建立深層信任的基石,唯有如此才能感動人。

　　一個好主管和傑出領導人的差別在哪裡?在組織裡我們常會感覺到有許多主管是「好人」,但是有能力有企圖心的員工不一定會選擇跟隨;好人型的主管是「對不同(Diversity) 能包容和接納(Inclusion)」,處事待人非常的圓融,但是這樣還不夠,它達成使命和邁向巔峰的開創力道還是遠遠不足;傑出領導人是「在不同(Diversity) 的氛圍下,能合一(Unity)」,有合一才能開創;至於要達成合一,就需要領導人具備信任,膽識和承擔,這是團隊建設的基礎,也是「權力和愛」的具體實踐。

" 感動領導（Resonant Leadership) "

領導力最重要的意義在「有感領導」，讓你的團隊你們所服務的對象和能支持你的人有感動，能加入你的計劃並支持你的想法，並願意參與行動；如何才能「有感」？領導者每一個時刻都是站在舞台上，不只是專注在公開場域的表現，更在許多私下的場域，許多人都在觀察著你**「如何想，如何決策，如何說，如何做？」**你的一句話，一個態度，一個行為，甚至於一個小小的決定對相關的人都會有感受；相對的，一個領導人又如何能有意識的有效利用各種機會來感動他人呢？比如說在內部高管的策略會，團隊分享會，定期的報告討論會，專案報告會，和員工的一對一的談話……等場合；我不鼓勵領導者作秀，成為一個極度「魅力型」領導者，但是我們必須要注意關心團隊成員對我們的「印象和感受」。留下好印象、建立正向健康的感受，在關鍵時刻才能做有效的領導，他們也才會「快跑跟隨你」，這種「領導風範」是領導力最後的一里路。

「五感領導」也是領導人如何感動人的指標之一，它不需要面面俱到，其中每一個路徑都是很好感動人的「接觸點（Touch point）」，不論它是直接或是來自間接：

- 要能「聽」得見，
- 要能「看」得到，
- 要能「感受」得到，
- 要能「感動」得到，
- 要能「參與」得到。

　　我們在上一章曾提到過領導力的新趨勢裡，有一個是如何和員工有「情感上的鏈接」（Emotional Engagement），這不是指要有情感的關係，而是能關懷員工個人的特殊感受和需求，員工才會進一步對你領導力有認同，先有「對我個人的關注」，之後我才會有「我對我們團隊的關注」，這是個人幸福喜樂，團隊圓融的關鍵，這也是「感動領導」的一部分，我們再來回顧一下這個圖片的意義。

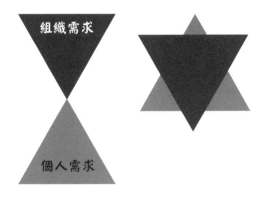

" 什麼是領導風範？"

我們很難描述什麼是「領導風範者」，但是當你面對他們時，你會知道。

在一次讓我印象最深刻的對話裡，一位學員對「魅力型」和「風範型」領導做一個簡單的定義：

「**魅力型主管**」只專注自己的事，以「自我」為中心（I-centric）。

「**風範型領導**」展示出對團隊的關心，以「我們」為中心（We-centric)，能感動人心，贏得尊敬， 人們願意跟隨，其「領導力最佳的展現是個人化，而不是專業化。」

這無關於績效，而特別著力在「關鍵時刻領導人如何表現？」它是一個非常個人化的領導能力；它不是「好與壞」的指標，而是「優秀到卓越」領導力的關鍵指標，我們不單單追求「魅力型領導」，「風範型領導」是「**實力**」加上「**影響力**」的綜合展現，實力讓領導人贏得尊重，影響力會強化團隊合一的力量，這是傑出領導人的最後一里路；這些外在的行為都可以沉澱學習並作自我改變，我們待會兒會介紹一個模型，讓人

人都可以學習成為一個「風範型」的領導人。

◆ 領導風範的關鍵指標

「你的目標能感動人心嗎？他們願意跟隨參與嗎？」這不是靠「說服」，而是「影響，感動，吸引式的影響力」，經由「感動」後的「吸引」，它含有「尊敬，感動，信任，認同，承諾」願意參與並採取行動，許多領導人喜歡展示他的績效數字，這無法感動人，更無法邀請參與。

美國一家顧問公司針對「專業能力」和「領導風範」兩個軸線所作的一系列訪談後，結論和我們所認知的距離不大。

- 能力高，領導風範好：無限潛力，步步高升
- 能力高，領導風範低：會碰到天花板，
- 能力低，領導風範高：高潛力，可能會有局限，
- 能力低，領導風範低：這就不用浪費時間了。

美國紐約的「人才創新研究中心」（Center for Talent Innovation）在 2015 年的報告裡也指出，一位高階主管是否能提升，「領導風範」的重要性比重是 26%。

"如何建設你的「領導風範」?"

雖然我們重視外在行為魅力的展現，同時我們也關注在啟動這些行為後面的每一個動機，這更是魅力的泉源，我們來談談它的四大關鍵元素和我心中的思路模型：

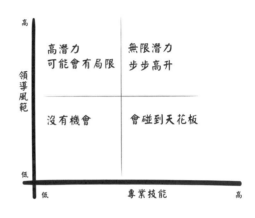

高階主管晉升階梯

	領導風範 高	
	高潛力 可能會有局限	無限潛力 步步高升
	沒有機會	會碰到天花板
	低 專業技能 高	

- 覺察（Awakening)
- 態度（Attitude)
- 信心（Confidence)
- 主導力（Commanding)

◆（1）「覺察」動機和企圖心是運轉中樞

我見過一個年輕音樂家預備用吉他演奏，他先試試自己吉

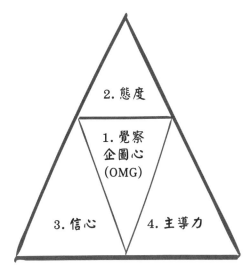

領導風範
Executive Presence

他的弦，發覺第一根弦太鬆了，他慢慢的將弦栓緊了，感受到合適的張力，再一根一根的試，直到滿意為止，才點頭開始他的演奏。對於領導人是否也該如此？作為一個有影響力的領導者，你如何來預備自己？如何有效的達成自己所期待的目標？除了預備「說什麼」以外，更重要的是「怎麼說」。你的心思意念是關鍵，在即將到來的場域或是「舞台」，我自己要先喚醒自己調整好自己，告訴自己說「這場會議對我很重要，我需要達成的目的是⋯，包含贏得他們的支持和參與」，它可能是一個

面對老闆或是員工的會議，為了達成這個目的，他先要有一場自我對話；在做預備時，我所使用的是「OMG 思路模型」：

- O（Objective 目標），釐清主題，這是什麼場域？是個分享會還是一個期待經過討論後有結果的會議，我為什麼參加？我的角色和責任是什麼？還有些人參加？我需要做什麼預備呢？

- G（Gain, 期待的效果）：作為一個領導人，我期待有什麼產出？我希望藉著這個機會來影響他們心中的看法？或是讓參加的人看到希望，能受感動而支持或是參與這個計劃？看到有高度的可能性可以成功，值得一試，或是也想利用這個機會歡迎其他角度的看法？我期待的產出是什麼呢？

- M（Mean, 方法）：我會選擇使用什麼方式來達成我所期待的目標呢？展現格局和高度，用團隊的角度和高度談機會和計劃，開放的心胸來傾聽不同的聲音，拋開個人的利益贏得信任，熱情邀請他們的參與…等，這些都是可能的選項。那如何做到呢？需要什麼資源和工具嗎？用什麼表現方式最有效呢？陳述的說辭，案例，對話，表演，說故事，一段相關的影片…等。

　　在還沒開始下一步規劃前，我們要自我靜思，釐清這場對話「要達成什麼目標？需要做什麼？我又憑什麼？」心理要對

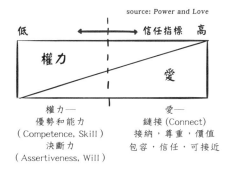

source: Power and Love

自己有信心，這是我常用的心理圖像：力與愛（Power & Love）

　　權力是「驅動自我實現的動力，也是驅動達成使命目標的動力」，愛是「合一的動力」，如何將團隊的心思意念和行為能透過領導者的領導力有效的結合，「吹著口哨」朝著同一個方向前進，這是「領導風範」的使命和挑戰；在權力使用的範疇裡，領導者需要有幾把刷子，需要具有自己的優勢能力，能在關鍵時刻及時的作出決策（決斷力），這會贏得員工的尊重；同時在「愛」的領域裡，時時和員工有深度的情感鏈接，領導者的愛和溫暖是組織裡的粘著劑，表現出「信任，接納，尊重，包容，可接近，有價值感」；對一個傑出領導人，這兩個面向

是相輔相成，呈現出來就與以下 2、3、4 的三個面向有關。

◆（2）「態度」決定高度 （Attitude)

　　一個人的領導風範奠基於自己的心思意念所採取的「態度」，當一個傑出的領導人，這些都是會被「感受」到的特質，它「被感動」的程度取決於它「展現」出來的程度，以下這些都是展現出來的行為：

- 　**親和力**：領導人願意放下自己的權力，目中有人，願意尊重每一個人，傾聽各種不同的可能意見，主動的和人互動，展現真誠和謙卑；願意由「自我 (I)」走出來，承擔「我們 (We)」的角色和責任，不只是要做對的事，並且要帶引團隊達成使命。
- 　**自信心**：對於自己的意見有完全的把握並願意負責，所以在會議裡他不再是「尋求認同」，而是要感動會眾，熱情的「邀請」他們參與你的行動計劃，這個「Yes, I can」的態度和敢於承擔責任的心志是「領導風範」裡最重要的成分。
- 　**果斷決策**（Assertiveness)：「在該做決策時不逃避或是拖延，也不會採取多數決，勇於承擔自己的角色和責

任」；在公開的場合裡，願意開放傾聽不同的意見，也敢於展示脆弱，但是在關鍵時刻敢於做決策，不會特意討好某些人更不怕得罪人，你會更贏得尊重，領導力會更被強化，「領導風範」更為成型。在討論的過程中你會聽到不同的「異見」，也許來自老闆同事或是下屬，不要一昧的排斥而堅持自己的立場，而是要能安靜的用同理心來傾聽對方的想法，你的態度是「如何理解對方的想法，不帶情緒的用理智來分辨，經由對方有價值的看法或是意見來強化自己的想法」這也可以掃除自己的盲點，並當場謝謝他們的意見；這個「傾聽和果斷決策」的過程就是「領導風範」的極致展現，讓他們感受到自己的參與有價值被肯定，作為一個領導人你會贏得更多的尊敬。

- **真誠堅毅（GRIT）**：在權威者或是挑戰者的高壓力面前，敢於陳述你的立場，縱使炮聲隆隆，你還能屹立不搖，願意為這立場承擔責任，這是一股堅毅的能量，為了追求長遠的目標勇敢的堅持在自己的道路上，有些時候會很孤單，但是最後會贏得深層的敬重，會吸引一批忠實的精兵而不再是粉絲團。

- **看得見光**：要「大器」，不要只是專注在數字目標或是

技術細節上，要讓會眾看得見光，看得見未來的機會和希望，這是激發感動的機會，再來邀請參與，這是領導力的最高展現。

◆（3）信心（Confidence）的展現

美國紐約的人才創新中心（Center for Talent Innovation）在 2014 年出版了一本《領導風範》（Executive Presence：the missing link between merit and success）的專書，裡頭針對這個主題做過一個研究，他們要求一些高管們對「領導風範」的關鍵元素做優先次序的選擇，結果是：

- 在高壓下對自己的信心— 79%
- 決策力— 70%
- 在權威下的正直— 64%
- 情緒管理— 61%
- 個人信譽— 56%
- 領導者的遠見和個人魅力— 50%

信心的展現可以很多元，我們只專注在這個領導人的舞台上在「身體，語言」的兩個角度來說明：

一、身體會說話（Body language）：靠熱情能量和溫度來展示

外表的溫暖，熱情，微笑，手勢…等：「環境可以形塑一個人的行為」，環境也可以形塑一個會場的氛圍和場內人員的行為，這個掌控權就在這個會場的領導人手上，領導人的眼神，臉色，態度，熱情，身體姿勢…都會大大的影響參與者的心情和心志，如何能夠挑旺，建造一個對的氛圍，這是一個關鍵領導能力。

另外，合適的衣著會因為不同的場域，對象和文化有不同的變化，合適的衣著也才能開啟專業的對話和影響力，建立你個人的領導風範，不要因為衣著的不合宜而讓人有「高高在上，不敢正視，太過華麗，或是太過卑微，冒犯他人」；我們知道穿著也是一種的個人風格，但是最重要的是合宜，要能「融入而不搶眼」「融入而專業」才更能顯示出你的本質體質和特質：

- 在壓力情境下，是否身體能放輕鬆，應付自如？
- 是否可以自在的使用空間走動，而不會太拘謹。
- 眼睛是否有和目標聽眾對話？還是緊張著只看稿？
- 你和聽眾見的實質距離掌握：不能太遠而有疏離感，保

持一個心理連結狀態，能清楚的看到對方的臉部表情，
理解他們的口語和身體語言。

二、語言的力量：對話力

語言的目的是要能「啟動，感動和行動」，沒有達成這個使
命的任何對話都不算成功。一個領導人該如何來預備你的「語
言」呢？

- 五感語言：對於領導人，我們所說的「語言」不限於
  「言語或是話語（word)」，它可以包含五感的共同投
  射，一個眼神，臉部的表情，嘴巴的動作（欲語還羞就
  是在說話），和口所說出的言語，一個手勢，雙手的位
  置，身體姿勢，走動…等都是語言，當事人一個無意識
  的行為，對方卻是很容易覺察你的狀態。
- 說話的語言： 這是說話的技巧和藝術，對於領導風範
  也是重要的元素，
- 要清晰，用字遣詞精確，簡潔，有衝擊力，能打動人
  心。
- 用對方聽得懂的話語來表達，
- 除了訊息之外，陳述時的語調高低強弱傳遞你的能量
  和溫度；如果訊息像 IQ， 語調就是 EQ，需要融入情

感的元素,才能達成「激勵,激動,感動,行動」的果效。

- 組織訊息:不是只有文字的言語,還有故事,圖像,影片,遊戲,對話,討論,案例…都是非常好的訊息,會眾不缺知識,他們卻的是那感動的力量,這才是目的。

- 說話時,坦率而不強辯,自信,真誠,合適的語調,最重要的是「暫停」的藝術,讓會眾有機會反思找到自己的感受並作決定。

- 語音(Vocal):音調的高低和音量的大小和說話的速度和節奏感,搭配你的身體語言都是在傳遞你的熱情和能量,;這都是信心的呈現。

不管是五感語言或是說話的語言,都需要事先的設計,並作一次再一次的事前演練,讓這個流程能順手,自然流露,這才有機會展示你的信心和真誠。

- **(4)主導力(Commanding)**
做一個能管理好自己的人(Self-management)
- 能管理自己情緒的人:領導者的情緒會大大的影響會場的氛圍,如果你沒有處理好上一場發怒的情緒,就直接

進入下一個會場，他人看到你的苦瓜臉會敢於開誠佈公的説話嗎？會敢於説出不同角度的看法嗎？「先處理好心情，才能討論事情」，這句話非常的真確，領導人最好自己先安靜一下，調整好心情，洗把臉再進入會場，「先調音再演奏」就是這個道理，主管負面的情緒會造成壓抑的氛圍。

- 敢於做決策的人：你傾聽的態度會決定談話內容的深度，你的身體語言會明白的告訴對方你的態度。一個成熟領導人的特徵之一是願意傾聽他人的異見，並敢於做出對團隊最佳的決策，不會想要取悦每一個人，但是在決策後，會主動溝通，在「信任」的基礎上尋求「不同意但是支持」的共識。

- 能做個真誠敢於展示自己脆弱的人。

- 做個擁抱願景的人：領導人主要的角色和責任是「帶引團隊，突破現狀，看到希望，邁向未來」，不是只有願景，要做一個擁抱願景的人，願景不是一篇文字，而是活在領導人和團隊成員心中的生命，讓其他的人看到烈火看到希望。

做個能主導會場氛圍的人

- 做個能主導氛圍的人：在公開或是私下討論的場合裡，敢於及時控制負向悲觀停止抱怨，「不為失敗找藉口，只為目標找方法」，有更正向積極和參與。在會議中如何處理「異見」甚至衝突，如何帶引團隊面對困境走出陰霾；最重要的是「在高壓力，高權威」面前，你如何展示你堅毅的能力？

- 當高階主管提出挑戰性的問題或是意見時，特別是持著無法接受的立場時，你會如何面對？如何將對方的意見融入來強化自己的立場而化解，而不是對抗或是逃避？這需要智慧。

- 掌握開放但不偏離主題的會場氛圍：時時注視目標受眾的身體和語言的反應，建立友善對話環境；也能掌握會場氛圍，不偏離會議主題和目的。

以下是我們很熟悉的一個情境，在會議裡大家互動的氛圍非常的熱烈，直到負責這會議的主席開口問：「大家安靜，我不想破壞這個氛圍，但是我可以建議我們還是回到我們開會的主題好嗎？」大家才收斂起笑容，回神過來討論正事，不需要使用權力來停止對話，只是適時的提醒，「領導也可以很溫柔」，當參與者過度論述時，當會眾的討論偏離了主題時，領導者需

要有所作為。

紐約人才創新中心對於前述這些課題也同樣的做了調查，在領導語言的類別中，哪些元素重要？

- 說話的技巧— 60%
- 控制會場的能力— 49%
- 決斷力— 48%
- 和會眾的互動— 39%
- 合適的衣著— 35%
- 幽默溫暖— 33%
- 身體的姿勢— 21%

在一場有領導風範主導的對話裡，你會觀察到一些特殊的現象：會眾會願意停下他們個人的活動和思緒，專心來傾聽，因為他們被領導者的真誠，溫暖的話語所吸引。他們會受到激勵，會場時而安靜無聲，時而熱鬧討論熱血澎湃，這是一個安舒的環境，每一個人都可以展示他的潛能，並願意參與和承擔責任，這是組織裡一股潛藏的能量，不靠權力，職位，而是一股無形的影響力流過每一個會眾的心頭；他會點亮希望和敲開每一扇機會的門，人們會支持他的想法而且迫不急待想參與。

" 一段領導風範的討論對話 "

有位集團總裁即將來一個事業單位視察，這個部門總經理是組織裡栽培出來的老幹部，剛上任這個職位也不過是半年左右的時間，他個人過去績效非常的優秀，只是不在最高階主管的位置，這位新手總經理有兩個鐘頭的時間來對集團總裁做簡報，也讓總裁能放心的授權和賦權，並對這位新手主管有更深一層的認識；作為這位新秀總經理的教練，我如何利用這段時間來幫助展現他的「領導風範」，我們有一段建設性的對話：

教練：你會如何來預備自己呢？

學員：我會先來釐清教練所用的 OMG 模型，Objective 是釐清他來訪的目的，是一般性的巡查，還是有特殊的目的？ Gain 是指「他期待的產出是什麼？我自己的期待產出又是什麼？」Means 是指我會先反思我在組織的角色和責任，採取什麼策略和行動來達成這些目的？不只在會議裡，在那兩天的互動裡，我都要能展現出來。

教練：非常好的開始，你如何做呢？

學員：釐清目標——我會依據他的郵件來回覆他，歡迎他

的來訪，我也同時會回覆我對他來訪的目的和期待做進一步的釐清。「依據我個人的理解，你來訪的目的是…，你的期待是…，我所理解的對嗎？還有哪些需要修正的？」待得到回覆後，我再進入細節的內容預備作業。

教練：如果他沒有及時回覆呢？

學員：那簡單，就是打個電話給他，我們的關係還不錯。

教練：再下來，你會做什麼呢？

學員：我會徵求他的同意，邀請合適同仁參加，特別是參與這些主題計劃的人，我希望他不只是看到我，也看到我們團隊。

教練：還有嗎？

學員：那我開始想如何建立一個溝通的架構，他關心什麼？什麼主題最能展現我和團隊這幾個月的努力成果？我想到：

- 我們團隊今年的幾個重要的使命目標和指標。
- 我們目前的進度，
- 我們學習到什麼？

- 下一步我們會專注什麼機會？策略意義是什麼？下一步目標是什麼？和年度計劃的相關性又是如何？
- 我也想聽聽你的意見，
- 尋求你的支持。

教練：我也認同你對架構設計的看法，我們來聊聊你如何預備自己呢？

學員：我知道我自己的態度很重要，這不是尋求支持的時機，他所期待看到到是「這個團隊在我的領導下，有什麼不同？我自己展現了什麼價值？但是也要避免過度自己做秀。」我自己要重視的是「要對自己的策略有信心，願意承擔責任；願意傾聽他人的意見來強化目前的策略基礎；在關鍵時刻要勇於做決策；針對過去的經驗，不管是成功或是失敗，我不找藉口而是向過去的經驗學習產生新的能量，讓我們看到新的機會」。這位老闆以前在其他地區也做過我這個位置，我可以向他多學習。

教練：你會用什麼態度來和他互動呢？特別當他提出他的見解時。

學員：不管對錯，我會先感謝他的意見，仔細釐清他的看

法，不要排斥或是妥協，而是如何利用他的意見和經驗來強化「精進」我目前的策略和行動？我相信我們團隊也會因此的對話得著激勵。

教練：你有非常正向積極的態度，這很寶貴，還有嗎？

學員：我的內容會盡量精簡，當我感受到他想說話時，我會及時的暫停，邀請他說出他的想法，讓他將話說完並謝謝他，這是尊重，如何將這些意見整合進入我的策略裡，這對於我是個挑戰，我會寫下來，並作出承諾；如果他所說的內容已經在後頭涵蓋了，也會謝謝他，告訴他「君子所見略同，待會兒我會介紹我們的看法，也請指教。」「謙卑和敢於展示脆弱」也是我重要的態度之一。

教練：很棒，還有嗎？

學員：目前我能想到的就這些了，教練，你有其他的看法嗎？能幫助我更好嗎？

教練：你已經做得很好了，既然你有要求，我可以分享一下我的看法嗎？

學員：好啊，謝謝教練。

　　教練：我們依照我先前所介紹的 EP 架構圖表來展示，OMG 你已經說得很具體了，第二個是「態度」：你要有信心來展現你的策略和計劃，不要擔心過去這段時間落後目標，作為一個領導人你要做的是「你學習到什麼？如何看到未來的機會，如何應變，如何帶引團隊開展行動？」不要為失敗找藉口，要為目標找機會和為能量找出口，這是領導人最重要的角色和責任，這也是展現「領導風範（EP）」的關鍵時刻。要應用「影響力」來推廣你的計劃和策略，不再是尋求認同，因為這個流程已經走過了，他來的主要目的之一是「檢驗你的領導能力」，一般這個目的不好說明白；你在開會時要提前至少五分鐘到達，絕對不能遲到，你才能面帶微笑的從容的和每一個人打招呼，寒暄幾句，這是暖場必要的行動，不要只是「就是論事」，這是中階主管的層級，高階主管要能帶人更要能營造輕鬆氣氛，這是不容易說明白但是重要的「領導風範」元素，在這關鍵時刻，你要能展示出來。

　　其次我們來談「信心」裡的身體語言，你剛才說了一句話非常的重要。我再提出來說「當我感受到他想說話時，我會及時的暫停，邀請他說出他的想法，讓他將話說完並謝謝他」，你要假設這個會議裡只有你和他，你在對他一個人做簡報，你

的眼神，臉色，手勢，聲音的能量…等都是針對他而發，這樣才能夠感動人，對他的看法，如果你一時無法整合進入你的架構裡或是無法馬上做決定如何處理時，你要當場寫下來，告訴他容許你回去想想，和團隊一起討論後再回覆給你。

這是一個互動的環節，也是建立互信的契機，展現你個人領導風範的平台和機會，不要錯過。這個部分我相信以你的經驗可以輕鬆做到；另外一個有關信心的主題就是「語言的力量」，我會在簡報的內容上，先做一個簡單的架構掃描，先設定簡報的目標內容及期待，探詢他是否同意，之後再簡單的介紹每一個主題下你會涵蓋那些可能的內容，時間以五分鐘為限，也歡迎他隨時提出意見；依照個人的不同，有些老闆喜歡問細節，有些人則是不管細節，只要策略和行動方案，並且希望理解他如何幫助你成功？所以你可以將細節的內容放在附件裡，依口味不同來調配菜單；最後就是你「期待你老闆給你什麼支持？」要給他空間參與，做球給他打，這是人性的弱點也是我們可以借力使力的地方，對方才會覺得他有價值，被尊重，這是禮節也是尊重。

最後一個主題就是要能「主導」議題和氛圍，要開放討論，更要有能力收斂，作出決策；同時也要能主導會場的氛圍，要及時阻止負向或是無關的話題，導向正向和針對目標有

幫助的討論，主導會場是主席也是領導人的責任。

最後在結束前，你要記得說出「謝謝你和大家的參與，對於我自己這也是一個很好的學習機會。」會後二十四小時內，最好能馬上親自寫「會議記錄」送給他，副本給參與會議的人，記載會議的結論，承諾和追踪事項，誰來負責？這是一些我個人的經驗分享，那些對你是有價值的呢？

學員：這些都是我的盲點，也是實戰經驗，我來消化一下，下一次的會議裡，我就使用出來，再來請教教練，好嗎？

教練：你願意邀請你個人的「支持者（Stakeholders）」在未來的幾次會議裡這對這些內容對你有些觀察和反饋嗎？

學員：這是個好主意，謝謝教練的提醒。

◆ 一個簡單的「領導風範」檢查表

- 正直：你的品格有贏得員工的尊重嗎？
- 膽識和承擔：你有勇氣敢於面對挑戰，冒風險，做決策，自我改變，領導改變，並敢於承擔責任嗎？
- 謙卑：你願意放下權力和權利，建立一個和員工合作共創的平台嗎？

- 紀律：你說話算話嗎？
- 勇於展示脆弱：你不再是萬能，和員工們一起合作，達成組織績效。
- 尊重他人：接納，尊重，讓每個人在組織裡覺得有價值。

RAA 時間：反思，轉化，行動

- 我在組織裡，他人如何觀察我的領導風範？
- 我希望如何來開展我的影響力？
- 哪些地方我可以再強化？
- 誰能陪伴支持我成長？

6 章

如何優雅的轉身？

你們要行道，不要只單單的聽道

—《聖經》

" 新領導力正在建設中 "

　　沒有行動的想法是死的，沒有價值，如何由聽道到知道到行道？如何由激動感動到行動？改變也不會在一晝夜間發生，它需要一個過程，對自己是一個內在翻轉的「內心革命」（inner game）大破大立，也是「移除，重建，更新」的過程，中間是一條「恐懼之河」；對於他人這是一個接納的過程。一個一向「我說了算」的主管，會因為一場頓悟，隔天進辦公室忽然變得非常的柔和謙卑，如果你是他的部屬，你會有什麼感覺？我曾對許多人做這個測試，最常見的回答就是「其中有詐」，第一個直覺反應可能是不相信，更多的是「無法接納」。因為「這和我所認識的你」不同；我的一個教練學員就想出一個新點子，在他被教練的過程中在辦公室門口掛了一個牌子「新領導力正在建設中」，幽默風趣，但也是在昭告天下「我正在改變中」；這個章節我們就來討論「如何建設你個人獨特的優勢領導力，如何讓這個改變發生？」

" 自我管理（Self Regulation）"

建設就是一場的改變，它們都需要經歷過：

- 心裡預備期
- 行動預備期
- 行動開展期
- 邁向巔峰期
- 永續發展期

在面對建設或是改變時，我們同時也會經歷這五個階段：

- 學習如何改變（Learning to change）
- 由自己先做起（Being the change）
- 設計改變（Design to change）
- 領導改變（Leading to change）
- 持守改變的果實（Sustaining the change）

" 心裡預備期（學習如何改變）"

想要建立自己獨特的領導力風格，首先，我們必須學習和理解：

- 願景：喚醒自己，認知教練式領導力的價值，建立一個圖像化的願景，讓自己「預見未來的自己」，然後才能燃氣熱情，動機和動力跟著來。

遇見未來的自己

- 決心改變：願意放棄離開自己的舒適圈，為的是追求更好的自己，自己內在的動力（Push）和外來的吸引力（Pull），願意開始走向這個無悔的旅程。

◆ 勇敢面對最大的敵人：自己

在建設新領導力之前，我們先來做一些心理移除（Remove）的動作，才能重建（Restore）和更新（Renew）；就好似我們在「心思意念」這個部分提到的，我們許多的行為是來自傳承或是學習，再加上自己的感受，想法和意志力，我們常常會被社會價值蒙蔽而忽略心中底層的聲音，「真我」或是「良知」的聲音，聖經裡有句話特別讓我感受深刻：「立志為善由得我，行出來由不得我」。

建設一個個人的新領導力啟動於「心思意念」的需求，這

是「Inside out」，有動機和動力，這還是不夠，特別是在這個「行出來由不得我」的社會價值羈絆下，更需要有外來的「張力壓力和急迫感」才能突破，這是「Outside in」，給自己一個改變重建和更新的理由和動力。

教練式領導人的能力來自「勇氣，謙卑，紀律和勇於展示自己的脆弱（Courage, Humility, Disciplined, Vulnerability）」，有許多「我說了算」型的主管在聽了我的簡報後，私下告訴我說「教練，你這個道理我懂也贊成，但是能否不放在我的部門實施，我還是希望能我說了算，不要有人在會議桌上和我唱反調，有問題私下談，這樣有效率。」很明顯這是主管自己放不下面子，更不要期待他們在團隊面前要謙卑了。

" 行動預備期 （設計改變）"

針對不同的課題，我們心裡有個未來的藍圖，在開始行動前，我們需要一段的探索期：

- 自我察覺：我需要發展新的領導風格嗎？為什麼？
- 夢想目標：我心目中的理想領導風格圖像是什麼？

- 下定決心：好的，這就是我所想要的風格，我決心做改變成長，
- 定義缺口： 我現在在哪裡？我離理想目標有多遠呢？
- 設計發展藍圖：我該如何達成目標？我有什麼選擇呢？我的決定是？
- 開始實踐： 開始邁入實踐 1-2-3.
- 達成目標：順利達標，恭喜。

預見未來的探索
思路來源：欣賞式探詢，Appreciative Inquiry

　　這就是我們在建造自己的獨特領導風格需要經歷的流程。

　　在我們前面的幾個章節裡，有許多的課題也都是領導力建設的主題，比如說：

- 「權力和愛」的領導力實務
- 「牧人，管家，師傅，僕人」的角色
- N 型領導力的落實
- 如何成為一位「教練型領導人」
- 「優勢領導力」建設
- 「個人獨特領導力風格」建設。

　　我選「個人獨特領導力風格」的建設作為案例，我也邀請你自己選定一個成長（就是改變或是建設）主題，和我一起來走過這個流程；下頁是我們在優勢領導力裡最後理出來的圖表。

　　我們已經將現實職位上的理想角色和個人的優勢領導力作了個整合，成為你個人的「夢想藍圖」（個人目標），在目前的狀態和「夢想藍圖」間，你看到哪些是可以著力的點？哪些是在現階段你可以成長發展的主題呢？你願意寫下來嗎？（暫停）

我的領導風格檢測

目前狀態 理想角色 個人目標 優勢領導

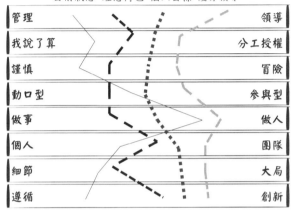

管理	領導
我說了算	分工授權
謹慎	冒險
動口型	參與型
做事	做人
個人	團隊
細節	大局
遵循	創新

我的著力點：

自我對話

現在是開啟一場自我對話的時機了，你可以問自己：

- 哪一個會是你的第一個選擇，要開始著力的呢？不要貪多，一次一個，學會專注。

- 當它被實現時，你會如何來衡量它呢？那些是重要指標呢？

- 你有哪些資源可以用，來幫助你達成目標呢？

- 在這個改變的過程中，那些人會是你的貴人或是支持者，他們願意支持你陪你走一程的人？他們是你的鏡子，敢於有話直說，你不會被冒犯。

- 除了自己的心思意念，還有那些元素可能會阻攔你達成目標的呢？你會如何預防？

- 你會如何建立一個機制，定期來反思檢查自己的進度呢？

◆ 第一個目標的選擇

依據我們的經驗，第一個目標最好是：

- 簡單而且容易達成的。

- 具體而且容易建立指標的。

最主要的目的是建立參與者的信心和互相信任，同時也一起跑過這個流程，大家熟悉了，再來進入較深的領域；並開始會有漣漪效應，擴散到更寬廣的人群，當他們看到主管的改變時，就不會有「其中有詐」的感覺了。

◆ 你的貴人們（Stakeholders）

我再來分享哪些人最合適當你的貴人或是支持者，他們是你親自私下邀請來在這個流程裡協助你，當然也得要對方同意才行，在邀請的過程中，這句話很重要「我要在這個主題上成長（是什麼？），請你在未來的六個月來幫助我，好嗎？」這是「勇氣，謙卑，紀律，展示脆弱」的最佳練習場，當你勇於開口邀請時，我的一個高管學員告訴我「我贏得他們的尊敬，我的領導力開始飛躍」。

貴人們的角色和責任

他們是觀察者而不是找碴批判者，針對你所請求的主題做觀察和給予定期的回饋。

哪些人最合適呢？

他們是你邀請來是你信得過的人，但盡量不要太親密的夥伴，他們對維繫關係的關注高於對你的成長的期待，貴人們要

有點不同和多元性，才可以看到不同的觀點；要正向積極；要敢言不怕得罪你，但也不會傷害相互的關係，他們在日常生活中針對這個成長的課題和你有緊密的互動關係，可以有第一手的感受和資訊；人數不限，教練在組織裡的運作，通常會選定6-8人，如果只是個人的成長，至少要大於 4 個人比較有效。

衡量指標

必須建立一套衡量指標，你的支持者才有明確的觀察點，這些指標的評估還是見仁見智，所以我們用上次用過的色彩識別系統，「紅─黃─綠」，「紅」代表不能接受，「黃」代表有改善空間，「綠」是優良，拍拍手；每一個月（或是自己的時間表）來訪談這些支持者的個人意見；這些指標也是你定期要探詢他們意見的指標，舉幾個例子，

1. **成長目標：「教練式領導力」的成長**

指標是：

- 先聽
- 後問
- 少說

2. **成長目標：我不再亂發脾氣（Anger management）**

指標是：

- 有情緒上來時，做個深呼吸，至少要按住五秒鐘，不言

　　不語。

- 控制不住自己時，事後要向當事人道歉。
- 自己做反思紀錄，每週減少 50% 情緒爆發量。

３.成長目標：N 型領導力的長成

指標是：

- 我不再一棒打天下，要因人施教，因人領導。
- 面對不同的困境或是挑戰，我會找對的人參與，
- 在我的組織裡，有明顯的接班人。

溝通

　　你除了和支持者溝通你的「成長目標」之外，你還要告訴他們你自己的「衡量指標」，請他們針對這些著力點做特別的觀察，並給予回饋。

" 行動開展期（leading to change）"

　　在設定完目標和指標後，即可邁入下一步，行動。

　　在改變的過程重點是要同時刻意「做什麼，也不做什麼」，這是雙軸心法則，「心中的覺察」是重點，目標和指標要時時牢記在心，甚至要放在桌前，再下來，我們就開啟一個新的行動：寫「反思記錄」，這是自律的關鍵行動。

◆ 反思記錄（Reflection journal）

這是個人實時的反思記錄，它有幾個欄位：

- 寫下你的目標和指標，

- 在哪一天，哪種情境下，發生什麼事和這個主題相關？

- 你當時的反應是什麼？針對這個反應，你當時的感受如何？它造成什麼後果？

- 事後的反思：你的學習是什麼？下次如果還有機會，你會怎麼辦？

- 你給自己打個分：紅—黃—綠。

反思紀錄

目標：				指標：		
日期	發生什麼事	在什麼情境	我當時的反應	我當時的感受	造成的後果	事後的反思：我下次會怎麼做

◆ 我盡力了沒？定期反思圖表

　　這是源自葛史密斯在他的書《學習改變》裡所設計的反思圖表，我覺得很好，稍微做了一點修改；對於你每天在追蹤的主題（可以多個），你可以每天臨睡前做一次的反思，「我是否全力以赴」？如果是比較中長期的改變主題，你可以將時間軸拉長，一個禮拜或是更長的時間反思一次；我列舉一個實例

我是否有全力以赴？ 檢查表（1-10 分）	週1	週2	週3	週4	週5	週6	週日	平均
我每天有明確的執行和發展目標								
我今天有達成目標使命								
針對人才發展我全力以赴開展								
我每天至少和三個員工一對一對話								
我對每一個會議都有清楚目標								
我對每一個會議決議都有追踪								
我每天安靜思考至少三十分鐘								
我對直屬主管採用教練式領導模式								
對於新產品開發的進度追踪								
（…自行追加）								

給各位參考，在每一個欄位裡針對你「全力以赴」的程度打個
分數，0-10 分，0 分是完全沒有放在心上，10 分是全力以赴，
做得不錯。

◆ 每月行動計劃（MAP: Monthly Action Plan）

這是針對「支持者」每一個月的定期的見面會，由當事人
和支持者做面對面的訪談，只問兩個簡單的問題，不要羅嗦，
當事人不能做辯解，只能說「謝謝」便離開，這才能確保下次
還會有回饋，如果當事人當面做辯解，那支持者的心理反應會
是「你不接受，我的意見對你沒有價值」，下次可能就放棄他
的職責或是做些表面文章了。這兩個問題是：

- 針對我成長的目標和指標，在過去 30 天，你觀察到我
  的表現如何？（紅，黃，綠），為什麼，你能給我幾個
  例子嗎？
- 在未來 30 天，你能給我兩個重點的行動建議嗎？

你可能會有幾個不同的支持者，他們給你的意見也可能不
同，這是很正常的事，因為他們的角度不同，你自己要做一次
的整合，寫下自己在下一個月的行動目標，然後再回去告訴你
所有的支持者，當作你下一步發展以及觀察對話的指標。

MAP（每月行動計劃）

目標		
指標	過去一個月主要的進展 （紅，黃，綠）	下一個月需要努力的兩個重點是什麼？

◆ 邁向巔峰期

　　每一個專案都要有一個期限，否則會疲勞而衰亡；大家也都忙，時間一長就疲乏了，必須要設定「目標，指標，期限」；我的經驗是先設定為「六個月」，上緊發條，專心努力的做，每一個月有 MAP，每三個月和你的支持者見面聚聚，在結束前，再做一次最後的檢驗，再度感謝他們給你的支持。

◆ 永續發展期（Sustaining ）

　　領導者每一次的談話對員工都是命令，每一個決策也都是指標，這也是潛規則的來源，可是許多的領導人都不明白；要破除這個羈絆最好的方法是建立一個組織文化，請參考我們前面談及的 PAC 模型，不再用上對下的文化，而是「教練式對話」的夥伴文化關係，唯有如此，主管才能步下他們那「君王」的寶座，和員工平等談話，也唯有如此主管才能釋然的做自己，展現自己的優勢，有勇氣，謙卑，紀律和脆弱，敢於對錯誤的決策和員工抱歉，因為這是「我們」的船；就連激勵機制可以被翻轉，不再只是激勵績效，更重視行為後頭的精神，努力和犧牲奉獻。員工在組織裡有價值，所以他們會被邀請參與討論和決策，當然他們也需要有成熟度，來接納不同的決策。

　　在這樣的一個經營環境下，一個領導人如何成功呢？

　　最好的答案就是**由自己的優勢出發，勇敢的做自己，勇敢的展示自己的脆弱並且願意尋求外來的協助，以謙卑和夥伴關係的心態，來和員工合力共創；**這些領導能力不再外求，而是回頭找自己的優勢，再出發；建造一個正向的學習環境，透過「反思，更新，行動，學習」的互動流程，讓組織的文化不斷更新再生。

" 活力團隊輕鬆學 "

　　領導力最大的考驗就在於組織的氛圍和績效，前者會直接影響後者的產出，所以我們在本書結束之前，來做一個檢驗：你會如何來建立活力團隊？那些是關鍵元素？我來簡單的描繪這個藍圖，建構的細節內容在這本書內容裡已經有過闡述了。

1. 建立組織疆界：組織使命願景和價值觀，管理和領導風格，人才和組織架構，團隊互動和支援，期待績效和評估機制；在這個疆界裡，員工會更安全更自由的來發展自己的潛能。

2. 建立舞台，給予自由空間和時間：由「要我做」到「我要做」的轉型，在培育之上的授權和賦能，勇於冒險的膽識和承擔責任的心志。

3. 給予成長機會，看到未來：邀請對的人上車，人人都是人才，人人有他自己的發展計劃和機會，透過 N 型領導力的發展，敢於給予激勵和挑戰。

4. 對自己的生命有意義：員工有做主人翁的心態，因為這是我的選擇，這工作就是我個人的發展路徑，我被接納被尊重和被欣賞，我在組織裡有價值，每天我吹著口哨

　　上班。

"喚醒心中的巨人"

　　一個人的領導力起始於自我領導，我們有幾種不同道路的選擇，每一個選擇都是關鍵，最近在網路上有一段文章特別有意思：

　　〈生命的選擇〉

　　Wall Street（華爾街）是利益和商業導向的道路，這是職場商場的價值觀；

　　Main street（大馬路）是社會價值導向的道路，會隨著風（流行）飄，沒有一定的規律；

　　God street（神的道）是神國價值觀的道路，因著個人的信仰而有不同的詮釋；

　　Your own street（你自己的道路）那你會做什麼選擇呢？上帝給予我們人有權力做選擇，你願意做選擇嗎？還是你選擇放棄，那就是間接選擇「Main street」，走入社會價值的道路，隨波逐流，以強勢領導人或是媒體的意見為導向，因而喪失自己的立場和方向。

對於領導力的選擇也是如此，如何建立起自己的獨特優勢領導力，我們都有權力來做選擇，面對今日每一個組織都已經邁入國際化，大家面對的挑戰也非常嚴峻，每一個領導人更需要有國際觀和國際化視野，要有眼光來認同和欣賞多元；有能力建設虛擬的合作夥伴關係；願意分享權力和權利；敢於運用先進技術，開展新領域，這在在都需要「教練式領導人」的能力和特質來帶引團隊：

- 一個好的領導人會在舞台上盡情揮灑，展現個人魅力；
- 一個傑出的領導人會幫助員工在適時展現自我的優勢，發揮所長。
- 一個教練式領導人的責任是做「一盞燈，一席話，一段路」。

"「喚醒生命，感動生命，成就生命」的領導"

喚醒生命（Self awareness）

教練式領導人會先是喚醒員工心中的潛能，找到自己的優勢和命定，再建設一個大舞台，讓員工盡情的揮灑，這是「虛己，樹人」的功夫，這是領導人的事業，更是志業。

感動生命（resonant leadership）

不再激動後而沒有行動，那是娛樂業；教練是幫助每一個人保持學習者的心態，成功或是失敗後的反思都是學習，有願景，有感動，更有行動，勇敢的面對並跨過那恐懼之河，這是自我管理的紀律（Self discipline）。

成就生命 （Self authoring）

這是一場自我的揮灑的場域，願景和目標就是心中的羅盤，敢於向不相干的事和物說「不」，不將自己曝露在試探和誘惑的環境；有一位非常有經驗的船長，他的船常要經過許多的暗礁區，他從沒有失敗過，有人問他如何勝過？他的回答簡單明瞭「遠離它」；在〈How coaching works〉這段影片裡，我們看到這位員工面對許多的困難，才尋求教練（主管）的協助，他的教練並沒有幫助他移開困難，而是越過困難，快速的達成目標，這才是目的。

我們生命的成功不在乎我們克服了多少困難，而是我們是否有達成我們生命的使命，或是叫命定；面對困難時，要勇敢面對它，跨過它，遠離它，堅持走在自己的道路上，成就自己的生命價值。

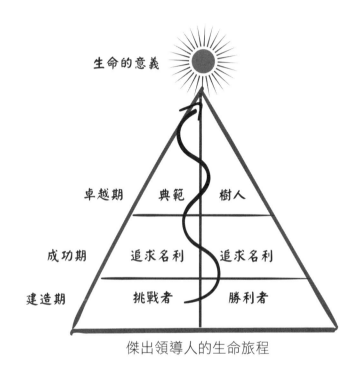

傑出領導人的生命旅程

　　上圖左邊的路徑很明顯的是「華爾街」，「大馬路」，右邊是一路爬升到神的道路，你會如何選擇你的生命旅程呢？

" 領導者的最後一里路：典範，樹人 "

　　對於一個教練式領導人，領導是其專業也是使命，他們在

服侍不同階層的人，能更提升，成為另一個新世代領導人：

- 建造期：挑戰組，勝利組，
- 成功期：追求名利，追求專業，
- 卓越期：典範，樹人。

一個受尊敬的領導人不會只停留在成為「他人典範」（Role Model）的層級上，典範是成為他人的榜樣，是一種自我感覺良好的狀態，只可以遠觀而不願意走下寶座服務人群，教練式領導人的真精神是「僕人事奉」，是幫助他人成為自己期待的人，幫助他建立好習慣，建立好品格成為一個新造的人，這需要陪伴和追蹤；也是一個成功領導人的最高境界：「樹人」。

RAA 時間：反思，轉化，行動

- 針對本書的內容，對你有什麼感動學習？
- 你如何來建造自己的新領導力？
- 你會做什麼改變？什麼時候開始啟動？

大寫出版 In-Action! 書系 HA0070

| 如何讓改變發生 | 系列 ②

建立自己的獨特領導風範——團隊改變的基礎，永遠靠領導力支持
BUILD UP YOUR **SIGNATURE LEADERSHIP STYLE**

© 2016，陳朝益 David Dan

All Rights Reserved

著　　　　者　陳朝益 David Dan
行 銷 企 畫　郭其彬、陳雅雯、王綬晨、邱紹溢、張瓊瑜、蔡瑋玲、余一霞
大寫出版編輯室　鄭俊平、沈依靜、李明瑾
內 文 插 圖 素 材　Designed by Freepik
發　　行　　人　蘇拾平
出　　版　　者　大寫出版 Briefing Press
　　　　　　　　台北市復興北路 333 號 11 樓之 4
電　　　　話　（02）27182001　傳真：（02）27181258
發　　　　行　大雁文化事業股份有限公司
　　　　　　　　台北市復興北路 333 號 11 樓之 4
24 小時傳真服務　（02）27181258
讀 者 服 務 信 箱　andbooks@andbooks.com.tw
劃 撥 帳 號　19983379
戶　　　　名　大雁文化事業股份有限公司

初 版 一 刷 2016 年 9 月
定 價 新 台 幣 320 元
ISBN978-986-5695-57-6

國家圖書館出版品預行編目 (CIP) 資料

建立自己的獨特領導風範：團隊改變的基礎，永遠靠領導力支持 /
陳朝益著
初版│臺北市 │大寫出版：大雁文化發行 , 2016.09
280 面│ 15*21 公分│知道的書 !In-Action ; HA0070)
ISBN 978-986-5695-57-6(平裝)
1. 組織管理 2. 組織管理
494.2 　　 105015738

How to
make change
happen?

如何讓改變發生? 系列叢書

How to
make change
happen?

如何讓改變發生? 系列叢書